北京市科协青年科技人才出版学术专著计划资助

中国水电可持续发展丛书

河流生态流量差异化评估方法研究

陈昂　著

中国水利水电出版社
www.waterpub.com.cn
·北京·

内 容 提 要

本书系统总结了河流生态流量理论、方法和管理实践等研究成果，建立了河流生态流量差异化评估方法，提出了生态流量研究的前沿问题与挑战，具有较强的实用性和创新性，可为河流生态流量的理论方法研究和管理实践提供参考。全书共分为8章，内容包括：河流生态流量理论方法回顾、国内外生态流量管理政策法规、国外河流生态流量研究实践、河流生态流量差异化评估方法、水库大坝工程生态流量分类评估、生态流量研究的前沿问题与挑战等。

本书可供水利工程、生态学、环境科学与工程等学科的科技工作者参考，也可供水利、环境、能源等相关部门和企业的管理人员和技术人员参考。

图书在版编目（CIP）数据

河流生态流量差异化评估方法研究 = Classification of Rivers and Dams for Environmental Flows Assessment / 陈昂著. -- 北京 : 中国水利水电出版社, 2018.12
ISBN 978-7-5170-7275-1

Ⅰ. ①河… Ⅱ. ①陈… Ⅲ. ①河流－流量－评估方法－研究 Ⅳ. ①TV131.2

中国版本图书馆CIP数据核字(2018)第289673号

审图号：GS（2019）1044号

书　名	中国水电可持续发展丛书 **河流生态流量差异化评估方法研究** HELIU SHENGTAI LIULIANG CHAYIHUA PINGGU FANGFA YANJIU
作　者	陈昂　著
出版发行	中国水利水电出版社 （北京市海淀区玉渊潭南路1号D座　100038） 网址：www.waterpub.com.cn E-mail：sales@waterpub.com.cn 电话：（010）68367658（营销中心）
经　售	北京科水图书销售中心（零售） 电话：（010）88383994、63202643、68545874 全国各地新华书店和相关出版物销售网点
排　版	中国水利水电出版社微机排版中心
印　刷	清淞永业（天津）印刷有限公司
规　格	170mm×240mm　16开本　8印张　152千字
版　次	2018年12月第1版　2018年12月第1次印刷
印　数	001—600册
定　价	**40.00**元

序

丁酉年中，戊戌岁末，阳春不寒，严冬日暖。韶华岁月虚度，蹉跎二八有余。追忆往昔，几番风雨，资质愚钝，问道廿载。诸子一路师贤，同辈相得益彰。京城十年，千里姻缘，予怀渺渺，神女无恙。齐鲁巴蜀为媒，豆蔻年华聘许。古今翘楚，江河蜿蜒，大禹治水，方得安澜。殚精竭虑多年，报效桑梓为盼。玉渊有潭，求学聚散，高峡平湖，横断巫山。上善几经求索，水木乾坤行健。一日为师，汇报终生，谆谆教诲，铭记心间。诗书礼易未断，胸中春秋长还。天地水山，身教言传，辛苦相辅，表正行端。泱泱大义微言，翩翩鸿儒对谈。砚席同台，云山苍茫，垂教之情，笔短恩长。荟萃淡泊名利，事理圆融通达。高堂明镜，母慈父严，他日趋庭，叨陪鲤对。谢瞻屋裹篱墙，聿修祖德柴桑。慈母倚门，游子行路，报之何时，与生俱长。躬耕农亩而学，夙兴夜寐功名。天地寒暑，宇宙洪荒，励精图治，初心难忘。薪火相传栋梁，砥砺青春激扬。

陈昂

前言

人类社会经济快速发展对河流的过度开发利用影响了流域、区域的可持续发展，社会、经济和生态环境系统的协调发展是过去、现在乃至未来面临的难点问题。生态流量是流域水资源管理的重要内容，是建设项目环境影响评价、规划环境影响评价以及河流生态保护与修复的关键指标。科学核算和调控河流生态流量是保障河流生态系统健康与可持续发展的重要措施。生态流量涉及多个学科的内容，科学评估生态流量需要基础研究、管理与实践的有机结合。

国内外开展了大量的生态流量理论方法研究，但是始终未能提出达成共识的生态流量概念和内涵。在管理方面，各国基本都形成了河流生态流量管理要求。为保障我国河流开发与生态环境保护协调发展，以《关于加强水电建设环境保护工作的通知》（环发〔2005〕13号）为起点，原国家环境保护总局在《关于印发水电水利建设项目水环境与水生生态保护技术政策研讨会会议纪要的函》（环办函〔2006〕11号）和《水电水利建设项目河道生态用水、低温水和过鱼设施环境影响评价技术指南（试行）》中，对河道生态用水量计算方法、生态流量约束红线做出了明确要求，随后又发布了《关于进一步加强水电建设环境保护工作的通知》（环办〔2012〕4号）和《关于深化落实水电开发生态环境保护措施的通知》（环发〔2014〕65号），进一步完善了生态流量泄放设施及保障措施。然而，由于缺乏河流生态流量的定量参考依据，给生态流量的管理实践带来一定困难，较大程度地影响了大坝下游河段的生态系统健康。

本书在综合分析国内外河流生态流量相关理论方法与管理实践的基础上，系统梳理了生态流量的概念内涵、计算方法的优缺点及适用条件，总结了国内外生态流量管理的相关规定及启示，分析了国外典型河流生态流量研究实践经验，构建了河流生态流量差异化评估方法，并开展了水库大坝工程生态流量分类评估，总结了生态流量研究的前沿问题与挑战。研究发现，生态流量理论方法体系尚不完善，生态流量概念内涵尚未统一，不同流域、河流、河段的生态流量考虑不足。河流生态流量差异化评估方法对生态流量管理实践具有一定作用，可为国内外开展河流生态流量研究、水库大坝工程下泄生态流量管理实践等提供参考。

本书是作者攻读博士学位、从事博士后研究和工作以来研究成果的总结，研究得到中国水利水电科学研究院、中国长江三峡集团有限公司、水电环境研究院、生态环境部环境工程评估中心、清华大学、河海大学等单位的支持，得到中国博士后科学基金（2015M592404）和北京市科协2018年青年科技人才出版学术专著计划的资助，在此表示感谢！

河流生态流量研究涉及多个学科的知识，研究工作仍有待不断深化，于实践中检验，再不断完善其理论。因时间、经验与作者水平的限制，文中难免会存在疏漏，恳请读者批评指正。

陈昂

2018年7月

目录

图名目录

表名目录

第1章

绪　论

1.1　研　究　背　景

河流本身是有生命的，生态流量是保障河流生态系统健康、实现水资源可持续利用和水生态保护的基础。中央高度重视生态文明建设，《中共中央　国务院关于加快推进生态文明建设的意见》提出："研究建立江河湖泊生态水量保障机制"，生态流量研究是落实生态文明建设的重要举措。

生态流量是流域水资源管理和河流生态系统保护与修复的重要内容，水利水电工程下泄生态流量是建设项目环境影响评价、规划环境影响评价等环境管理的重要指标和难点问题。河流筑坝后，水库下泄一定的生态流量对于维持大坝下游的河道形态和生态功能、保护下游水生生物及其栖息地具有重要作用[1-4]。我国生态流量涉及河流的气候地形地貌条件、区域经济社会发展阶段和经济结构、河湖管理、水库水电站建设运行、社会管理执行力、基础理论和计算方法研究等方面，是一个十分复杂的问题[5]。由于流域、区域的差异性，以及丰、平、枯水期等不同时空要素的影响，难以统一不同流域、区域和工程的实际情况，制定统一的生态流量管理规范存在一定困难，实践过程中也存在一些不足，一定程度上影响了河流生态系统保护与修复、水利水电工程建设项目环境影响评价、规划环境影响评价等工作，生态流量的评估方法已成为当前我国流域管理亟待解决的问题之一[6,7]。

河流筑坝开发引起的生态环境问题，受到国际社会的广泛关注[8]。目前，我国河流开发的重点地区往往也是生态环境脆弱敏感区，如何最大限度地避免、减轻和缓解河流开发的生态环境影响，是当前亟待解决的问题。生态流量保障措施是减缓河流筑坝开发的生态环境影响、修复河流生态系统的重要措施[9-11]，新时代赋予了江河湖泊生态环境保护和水库大坝工程生态文明建设的新任务、新使命，《中华人民共和国水法》❶《中华人民共和国水污

❶ 《中华人民共和国水法》(2016年7月修订)。

染防治法》❶《中华人民共和国环境影响评价法》❷ 等相关法律在保障生态流量方面赋予了更多责任和义务，生态流量逐渐成为河流健康生命的终极目标和促进人水和谐至关重要的一环。

在生态流量保障体系中，水库大坝工程的下泄生态流量是工程设计和运行管理的难点问题，主要原因是我国水资源时空分布不均，不同流域、区域的生态环境敏感目标差异较大，且流域水生生态监测资料相对匮乏，工程下泄生态流量评估存在一定难度，工程运行管理和流域生态环境管理存在一定困难。尽管我国在生态流量保障方面已获得了一些成果，例如“十五”科技攻关重大课题“中国分区域生态用水标准研究”，在基础理论、关键技术和管理决策方面获得了重大突破；但是，不同流域、区域河流生态流量和水库大坝工程下泄生态流量评估方法还存在一定不足[12]。2006 年，原国家环境保护总局发布了《水电水利建设项目河道生态用水、低温水和过鱼设施环境影响评价技术指南(试行)》❸（以下简称《指南》），其规定：“计算时应开展多方法、多方案的比选，在生态系统有更多更高需求时应加大流量，不同地区、不同规模、不同类型河流、同一河流不同河段的生态用水要求差异较大，应针对具体情况采取适当方法确定，从坝址下游河段的环境特点、水生生物的生境条件需求、生态水量的时空动态变化要求等方面综合考虑。”《指南》规定了河道生态用水量的计算方法和最小下泄生态流量的阈值，对实际工作起到了重要指导作用[13]；由于缺乏资料，实践过程中一般采用多年平均天然流量的 10%作为最小下泄生态流量；尽管在一定程度上保障了部分河段的生态流量，对实际工作起到一定指导作用，但是单纯考虑最小生态流量难以满足大多数河段的生态用水需求[14]。随着我国河流开发区域生态环境日趋敏感，生态环境保护要求日益提高，以往对生态流量的考虑逐渐显露出一些不足，不同流域、区域河流生态流量和不同类型水库大坝工程下泄生态流量的评估和保障措施落实存在一定困难，亟须开展不同区域、不同工程类型的生态流量差异化评估方法研究。

生态流量评估涉及多个学科的数据信息，数据来源途径广泛、数量大、种类多、数据格式存在许多差异，各种数据类型存在多比例尺、多数据源等特征，遥感数据获取不同时间、不同地理位置的数据，必须筛选对象的存储状态，种类繁多、数量庞杂的数据信息需要统一的数据管理平台才能实现数据信息的有效利用，而数据库的存储、查询和分析优势可为大尺度的生态流量评估

---

❶ 《中华人民共和国水污染防治法》（2017 年 6 月 27 日第二次修正）。

❷ 《中华人民共和国环境影响评价法》［中华人民共和国主席令（第四十八号）］。

❸ 《水电水利建设项目河道生态用水、低温水和过鱼设施环境影响评价技术指南(试行)》(环评函〔2006〕4 号)。

提供基础平台。传统的数据库设计在属性数据存储方面具有较大优势，但在多源、多尺度空间数据集成及空间检索、分析等功能方面存在一些不足，关系数据库可有效弥补这些方面的不足[15-17]。

综上所述，本书基于构建的河流生态流量决策支持系统，开展河流生态流量差异化评估方法研究，对识别我国生态流量研究与实践的不足，对保障河流生态系统健康与完善生态流量保障措施具有一定意义，可为不同流域、区域河流生态流量和不同类型水库大坝工程的下泄生态流量评估提供参考，为河流生态流量管理工作提供思路。

1.2 国内外生态流量发展回顾

20 世纪中叶，欧美发达国家的河流开发活动兴起，水利基础设施建设快速发展[18-20]。但由于对社会经济用水和生态用水的统筹协调考虑不足，影响了河流自然水文情势和生物多样性。为减缓河流开发对生态环境的影响，欧美国家提出了生态流量的概念，不同国家开展了相应的理论方法研究和实践探索[21]。生态流量发展过程中出现了多种相关概念和定义[22,23]，直至 2007 年世界环境流量大会发布了布里斯班宣言（Brisbane Declaration），才形成了统一认识。2017 年布里斯班宣言发布 10 周年之际，对这一定义又重新修订，将人类文化用水需求也纳入到环境流量的概念中[24]。

1.2.1 生态流量研究范畴及发展

自 2007 年至今，研究主要关注维持和恢复河流生态系统完整性的自然水流过程，通过生态水文学的适应性管理改进流量恢复效果，建立流量大小、持续时间、出现频率、变化程度等特定流量组分与生态保护目标的关系，以水生生态系统健康状况作为生态修复效果评估的重要内容和考核指标，协调社会经济用水和生态用水需求的关系，实现生态系统的可持续性[25]。生态流量实施的社会经济效益一般显现较快，但生态效益需要较长时间才能显现，这也是实施的主要困难之一。

中国的生态流量研究也开展了较多工作。2006 年《水电水利建设项目河道生态用水、低温水和过鱼设施环境影响评价技术指南（试行）》发布，水利水电工程建设项目环评和规划环评阶段的生态流量日益严格，且管理要求不断提高，与环境流量的发展方向基本保持一致[26-28]。2013 年 8 月，在斯德哥尔摩的世界水周上开展了可持续水资源管理背景下的环境流量发展讨论，核心是以保障淡水生态系统的生态效益为前提，实现环境流量与社会经济发展耦合的多种效益，识别促进河流生态系统长期健康可持续发展的关键内容，如良好的水政策、水资源高效配置、水安全保障和应对气候变化影响的措施等。

生态流量评估主要依靠专家确定生态目标的流量过程要求，并将其纳入流域水资源配置[29]。流量过程的确定主要基于静态水资源管理，通过建立不同生态目标与流量过程的关系，调控水资源的时空分布。社会经济和生态系统是相互制约的帕累托最优系统，社会经济系统的过度增长必然导致生态系统结构和功能的退化，一定程度上可能造成不可逆转的破坏。目前，世界大多数发展中国家的生态流量实施效果并不成功，社会经济和生态系统的生态流量实施过程未能有机耦合，社会发展水平的提升造成了不同程度的生态系统退化[30,31]。由于人口增长、气候变化、区域环境变化等边界条件的改变，社会系统和生态系统之间的相互影响不断增强，生态系统呈持续退化的趋势。政府主管部门、研究学者和利益相关方逐渐意识到可持续的水资源管理政策必须适应不断变化的边界条件，才能实现社会系统和生态系统的可持续发展，其核心是保障生态系统的承载力和恢复力，使其适应不断变化的环境，而保障生态流量的实施是维持生态系统恢复力和适应性的有效措施。

生态流量旨在减缓河流开发的负面影响，是生态环境学科未来主要的发展方向，强调人与自然的和谐相处，即社会经济用水与生态环境用水的平衡。2007年至今，国际生态流量实施过程在发达国家相对比较成功，而由于发展中国家面临的发展问题较多，统筹协调生态环境保护与社会经济发展之间的关系存在许多困难。从2007年布里斯班宣言至今，生态流量发展一直都是从社会和自然的多重利益角度进行研究，在水资源管理过程中实现生态环境可持续性的目标。随着研究与实践的深入，生态流量的实施框架更加清晰，也需要更广泛的利益相关方参与合作，共同有效地实施生态流量，实现2030年可持续发展目标。

1.2.2 生态流量与可持续发展

水资源是人类发展的基础，水安全是社会经济发展的保障，生态流量实施的水质水量保障是实现可持续发展的有效举措。供水不足是2000年千年发展目标（Millennium Development Goals，MDGs）重点强调的内容之一，千年发展目标1是消除极端贫困和粮食问题，这两个问题与许多地区的农业耕种灌溉方式有关，而高效节水是解决这一目标的关键措施[32]；目标7是环境可持续发展，而目标7-3承诺了水环境治理目标，即2015年未能获取安全饮用水和卫生设施的人口比例减半。但是，目标未能明确水流过程要求，主要以水量和水质的约束红线来界定，水利基础设施建设影响了水的自然流动过程，进而影响了社会和生态系统的能量流、物质流和信息流。2005年，千年生态系统评估划分了生态系统服务功能分类，包括为支撑、供给、调节和文化等服务功能，淡水生态系统的主要供给服务功能如渔业、水产养殖、工农业用水和城市用水等，必须通过实施生态流量来维持[33]。2010年联合国指出，用水权利是一项基本人权，清洁用水是实现所有其他人权的基础，确立了淡水生态系统水质保障的重要性。区域发展不均衡是目前存在的主要问题，世界范围内整体的改善容易掩盖局部地区的发展错位。例如，联合国 2013 年千年发展目标大会报告指出，过去 21 年的一个关键成就是有超过 20 亿人获得了更多的饮用水源，比既定目标提前了 5 年；但是，大多数城市化快速发展造成了环境的不可持续，人类向淡水生态系统的迁移造成严重的环境污染和生态破坏，尤其是水环境质量明显下降[34]。

2030 年可持续发展议程已经生效，涉及社会、经济和环境可持续发展的三个层面共 17 项目标，联合国方面将利用一整套全球性指标监测和审查新议程中的 17 项可持续发展目标和 169 项具体目标，其中，目标 6 即为清洁饮水和卫生设施。政策手段是维持河流生态水文系统健康可持续的保障，实施生态流量是实现目标的有效措施，但是建立全球社会系统和生态系统发展的关系较为困难，发展中国家的生态流量实施仍存在一定难度。为实现全球可持续发展目标，亟须建立维持生态系统服务功能的生态流量过程要求，如鱼类产卵繁殖和洄游、河漫滩的水量补给等所需的水流条件，建立生态过程与人类社会经济发展目标之间的关系[35,36]。2030 年可持续发展议程为整合社会、经济和生态环境目标提供了关键政策指导，探讨了将实施生态流量纳入全球水资源管理目标的可行性，保障未来自然资源开发与河流生态系统的协调发展。可持续发展议程识别了水资源缺乏、水质恶化的负面影响，肯定了水电作为清洁能源的重要作用，明确了实施生态流量的作用，下一步亟须加强生态流量与水资源管理领域之外的耦合研究，以促进可持续发展目标的实现。

1.2.3 生态流量与水资源综合管理

国际上现有的用水分配相关立法研究表明，应将生态流量纳入水资源配置的统筹考虑，加强国家层面跨部门的综合规划、监管和补偿。尽管有些国家并未使用生态流量的概念，但其内涵与生态流量的实施过程基本一致[37]。

水资源管理是一个综合概念，从近年来全球水资源管理的法律和政策可以看出，全球对淡水生态系统和水资源管理的关注逐渐加强。例如，2002 年在约翰内斯堡召开的可持续发展问题首脑会议，呼吁各国制定水资源综合管理计划（Integrated Water Resources Management Plan，IWRM）。水资源综合管理的基础是生态水文过程的可持续发展，目的是协调不同流域、区域的水资源分配，从政府管理的角度看，水资源综合管理的核心是跨部门的水质水量联合调控，除了生态系统本身的基础资源，参与生态系统管理过程的部门和利益相关者都应纳入到水资源综合管理体系内，通过资源整合、参与合作，保障水资源开发不影响生态系统的长期健康发展[38]。水资源综合管理是从传统的水量和水质保障向生态水文过程可持续性、生态系统关键过程的转变。目前，水资源综合管理主要为水量分配的实施过程，如欧盟水框架指令（EU Water Framework Directive，WFD），包含了许多环境流量实施的关键原则。水框架指令综合了社会经济和生态环境目标，强调地表水和地下水的水量和水质并重。与欧洲以往的水资源垂直管理方式不同，水框架指令鼓励灵活地管理水资源。例如，瑞典通过法律手段调整水资源立法，使其符合水框架指令的要求，大部分水电站重新进行了包含生态流量的许可认定。

生态流量是水资源综合管理的具体实施途径，在水资源综合管理过程中发挥了重要作用[39]，但从政策制定到执行的过程还存在较多问题。从工程到河段尺度，乃至区域、流域尺度的生态流量研究与实践，不断改进了生态流量的科学决策过程，形成了水文变化的生态限度法（The Ecological Limits Of Hydrologic Alteration，ELOHA）[40]。通过建立水文变化可持续管理框架（Sustainable Management For Hydrologic Alteration，SUMHA）可实现水文变化的生态限度法的可持续管理[41]。水文变化的可持续管理框架将社会可持续性作为重要的评估内容，将基本的管理要素明确纳入宏观尺度的环境流量实施过程。同时，社会可持续性评估可为从生态系统服务到生活、消除贫困、减少灾害风险以及水、卫生和医疗等多个领域提供更明确的联系。

实施生态流量也是解决跨界河流争端的有效措施。海牙常设仲裁法院在梧桐河基桑加亚仲裁案的诉讼中，巴基斯坦根据 1960 年《关于印度河水域建设和运行基桑加亚大坝的条约》对印度发起仲裁，海牙常设仲裁法院要求印度提供评估大坝下游生态流量的基本数据，迫使印度将实施环境流量作为大坝运营的一部分。类似机制在跨界河流地区也十分重要，由于水资源配置、管理和耦合的核心是受水目标、用水时间、主管部门、水量分配和适应性优化过程等问题，不可避免地需要各方妥协，所以建立水资源综合管理体系、实施生态流量在实现可持续发展目标的过程中更加重要。

1.2.4 生态流量与应对气候变化

气候变化影响了全球生态系统。自然水流过程的改变在很大程度上是对气候变化的响应，如洪水或极端干旱。现有记录表明，相对于过去几百年，全新世的气候稳定期在水量级别、季节性变化等方面发生了显著变化，水质参数如盐度、溶解氧、水温和有机碳含量等也发生了类似变化[42]。过去的气候变化已被联合国政府间气候变化专门委员会（Intergovernmental Panel on Climate Change，IPCC）定性为系统性变化，存在许多长期稳定和快速变化的时期[43]。生态流量旨在评估维持或恢复生态结构和功能的生态水文学条件，未充分考虑不断变化的边界条件，只有当气候水文条件稳定时，才可定义河流生态流量的特定生态水文过程和自然水流条件[44]，但过去的气候变化可为当前气候变化时期的生态流量管理提供指导[45]。

生态流量在协调生态保护和人类用水中的作用显著。由于气候变化带来的水文边界条件改变，超出了水利基础设施的设计参数，水利基础设施不能适应气候变化的影响是亟须解决的问题。例如，美国科罗拉多河胡佛大坝上游降水量近几十年来持续下降，水库仅利用了40%的库容，失去发电、引水和主要供水能力，管理者耗资约10亿美元开发了第三条取水隧道，保障了2030年以前除发电之外的城市用水；我国黄河上游来水量持续减少，自20世纪50年代至今径流量减少了近1/3[46,47]。类似问题在全球范围内普遍存在，尤其是在运行10年以上的工程中更加普遍。实施生态流量是应对气候变化对河流及水利基础设施影响的有效措施，通过合理控制流量过程使其更加接近自然水流，最大限度地降低生态系统的相对变化。

目前，生态流量研究基本是以气候稳定为假设前提。未来几十年应对气候变化的影响是亟待研究的内容，河流生态水文条件变化促使管理者考虑是否应适当调整措施以适应气候变化的影响。生态系统本身具有应对气候变化动态响应的能力，但在气候变化影响下，可能会造成物种丰度下降[48]。研究试图通过全球气候模型模拟和趋势来分析、预测未来的生态水文条件变化，可确定一定的变化范围；对于水生生态系统，尽管没有确定系统的方法或具体指标，但维持河流连通性是保障水生生态系统健康的基本措施，未来可通过研究不同气候模式下的流量变化过程，评估气候变化背景下的环境流量[49]。

1.3 研究内容

（1）河流生态流量理论方法回顾。梳理国内外生态流量相关研究成果，总结国内外河流生态流量发展历程，分析河流生态流量的概念和内涵，归纳国内外河流生态流量计算方法和方法分类，分析常用计算方法的过程原理、适宜性和计算时的注意事项。

（2）国内外生态流量管理政策法规。总结分析国内外生态流量管理相关法律、法规、导则和指南，对比国内外管理规定的发展历程和差异，分析我国生态流量管理相关政策法规的效果与不足，凝炼国外生态流量管理政策法规的启示。

（3）国外河流生态流量研究实践。通过梳理国外7条典型河流的生态流量管理实践，从珍稀濒危洄游性鱼类、国际重要湿地、珍稀濒危鸟类等多种生态保护目标，以及流域综合管理机制、水权交易、国际投资等政策管理的多个方面，分析了不同河流的生态流量实施过程和效果，归纳总结了7条典型河流生态流量管理实践的成功经验和不足，进而提出了对政府、管理部门、研究机构、水电企业和非政府组织等多个利益相关方在生态流量研究与管理方面的启示。

（4）生态流量分类评估方法研究。考虑水库大坝工程的物理属性、工程对河流水文情势的影响以及工程坝下河段的水生生物三个方面的指标，构建水库大坝生态流量分类评估框架，筛选识别影响生态流量评估的关键指标和阈值，建立水库大坝工程生态流量分类评估指标体系，研究面向生态流量评估的水库大坝工程分类方法。

(5) 生态流量研究的前沿问题与挑战。梳理国内外环境流量研究成果，从全球环境变化与非稳定性、生态水文过程的动态模拟、生态水文关系的时空特性、生态流量评估的关键指标、生态流量预测的生态学延展等方面总结生态流量研究的前沿问题与挑战，提出生态流量发展方向。

(6) 河流生态流量监测系统的构建。基于国内外生态流量监测系统研究与实践的主要问题，从监测目标、监测计划、量化指标、监测手段和监测管理措施等多个方面，提出构建河流生态流量监测系统的几点思考，重点为监测系统构建时需考虑的方法和指标，以提高监测系统在设计、实施和监测等环节有效性，实现河流生态系统可持续发展。

1.4 技术路线

本书技术路线图见图1.1。

图1.1 技术路线图

第2章

河流生态流量理论方法回顾

2.1 河流生态流量概念和内涵

2.1.1 国外发展历程回顾

国外河流生态流量研究始于20世纪40年代的美国，为维持河流航道的正常通航功能，提出需要维持一定的流量和水位，国外河流生态流量研究的发展历程见表2.1。

表2.1　　国外河流生态流量研究的发展历程

年份	来　源	内　容
1940	美国，资源管理部门	满足河流航运，关心渔场减少
1955	Chambers	通过调查鲑鱼适合水深和流速提出了河道内流量需求的概念
1960	美国鱼类及野生动植物管理局	提出河流生态流量的概念
1960—1970	澳大利亚、南非、法国和加拿大等	开展了系统的河流生态系统评价研究
1960—1970	印度、孟加拉国、巴基斯坦、埃及	对布拉马普特拉河流域（1960年）、印度河流域（1968年）和尼罗河流域（1972年）重新评价和规划
1978	美国，第二次全国水资源评价	同时考虑河道外用水与河道内水生生物、水力发电、航运等需求
1980	美国	提出生态需水的内容，形成较完善的河道内流量计算方法
1993	Covich	强调在水资源管理中要保证恢复和维持生态系统健康发展所需水量

续表

年份	来　源	内　　容
1995	Gleick	提出基本生态需水量的概念
1996	澳大利亚，墨累-达令河管理委员会	开展了针对干旱区生态需水理论与实践的研究
1999	Whipple	认为水资源的规划和管理现在需要更多地考虑环境需求和调整
2007	布里斯班宣言（2007）	首次提出了环境流量（Environmental Flows）概念
2018	布里斯班宣言（2018）	修正了环境流量的概念

20世纪40年代以后，随着美国河流开发的水库大坝建设增加、水资源开发利用程度不断提高，渔场减少引起了美国资源管理部门的注意，美国鱼类及野生动植物管理局（United States Fish and Wildlife Service，USFWS）以保护生物多样性为目标，开展了河流流量和鱼类产量的关系研究，首先提出了河道内流量需求（In－stream Flow Requirement）的概念，一定程度上避免了渔业产量下降和河流生态系统退化[50]。20世纪50年代，人类活动成为影响河流生态系统的重要因素，由于大坝建设活动导致国外大多数河流正常生态功能的退化，生态流量的研究重点为河流生态系统内部各子系统及要素的综合研究，出现了河流生态流量的定量研究，建立了流速、大型无脊椎动物、大型水生植物与流量的关系[51]。

20世纪60年代之前，国外河流生态流量研究处于萌芽阶段，航运和渔业是研究关注的重点。20世纪60年代和70年代是研究的发展阶段，研究关注的重点分别是生态流量的理论基础和立法保障；在发展阶段，澳大利亚、南非、法国和加拿大等国家先后开展了较为系统的河流生态系统健康评价，印度和孟加拉的布拉马普特拉河流域（1960年）、巴基斯坦的印度河流域（1968年）和埃及尼罗河流域（1972年）也先后重新进行了评价和规划，探讨了河流最小流量及其确定方法，并取得初步研究成果[52-54]。20世纪80年代，是河流生态流量研究的成熟阶段，研究关注的重点是丰富和完善生态流量的计算方法，美国全面调整了流域开发和管理目标，形成了生态需水分配框架与相对完善的计算方法。20世纪90年代，研究关注的重点是生态与环境需水，强调河流生态系统结构和功能完整性，研究范围扩展到河道外生态系统，管理者逐渐认识到水资源与生态环境系统的关系，但是，对于河道外生态系统的生态需水研究还没有形成一套成熟的计算方法[55,56]。

2000年至今，生态环境的可持续性成为生态流量研究的重点，研究强调生态系统的多种服务功能协同发展，在2007年的第十届世界河流论坛（10th

International River Symposium)❶ 上，发布了《布里斯班宣言（Brisbane Declaration)》❷，首次提出了环境流量的概念；2017 年，在《布里斯班宣言(Brisbane Declaration)》发布十周年时，将人类文化用水需求纳入到环境流量的定义[57,58]。

2.1.2 国内发展历程回顾

国外发达国家的河流生态流量研究较早，从满足河流航运功能、保护渔业资源和生物多样性、维持河流生态系统健康，发展到流域生态系统可持续发展等多方面，河流生态流量的概念和内涵不断完善，形成了相对系统的理论体系。与国外相比，我国的河流生态流量研究相对滞后，以 20 世纪 70 年代西北干旱地区的研究为起点，大致可以分为 4 个阶段：探索阶段、起步阶段、发展阶段和完善阶段。

(1) 探索阶段。20 世纪 70 年代为我国河流生态流量研究的探索阶段，起源于西北干旱地区水资源综合开发利用研究中对最小生态流量的讨论，期间也形成了一些成果，如《环境用水初步探讨》。综合来看，这个时期我国的河流生态流量研究刚刚起步，国外研究也处于缓慢发展阶段。

(2) 起步阶段。20 世纪 80 年代为我国河流生态流量研究的起步阶段，针对日益严重的断流、水污染等问题，流域管理机构开始关注水质恶化和水生态破坏对淡水生物资源的影响，尤其是对渔业资源的严重影响。国务院环境保护委员会在《关于防治水污染技术政策的规定》中要求在水资源配置和水资源规划时，保障为保护和改善水质所需的环境用水，生态环境用水是生态脆弱地区水资源规划必须考虑的用水类型。1987 年，国务院转发了国家计委、水电部《关于黄河可供水量分配方案的报告》❸，要求黄河流域相关地区以黄河可供水量分配方案为依据，制定各自的用水规划。1988 年的《水资源保护工作手册》考虑了流域层面的生态需水内容，但是未形成明确的概念。随后，有学者研究了三门峡水库的调度运行方式对下游河道的影响规律，同时开展了黄河上游大型水电工程对下游冲积河流影响研究，探讨了水库适宜的下泄流量[59,60]。

(3) 发展阶段。20 世纪 90 年代为我国生态流量研究的发展阶段，期间由于西北内陆地区生态环境持续恶化，北方流域出现水资源短缺现象，伴随国际

---

❶ http://riversymposium.com/.

❷ Brisbane Declaration (2007) The Brisbane Declaration of the International River symposium and International Environmental Flows conference. Brisbane, Australia. http://riversymposium.com/about/brisbane-declaration-2007/.

❸ 《国务院办公厅转发国家计委和水电部〈关于黄河可供水量分配方案的报告〉的通知》(国办发〔1987〕61 号)。

地圈生物圈计划（International Geosphere - Biosphere Programme，IGBP），我国在这个时期开展了大量河流生态流量研究[61,62]。国家“九五”科技攻关项目的多个课题对西北地区内陆河流生态流量进行了系统研究，研究重点是生态流量的计算，如“西北地区生态环境保护对策研究”利用遥感信息建立了基于土地利用变化的区域生态需水估算方法，“西北地区水资源合理利用与生态环境保护”提出了针对干旱区的生态需水计算方法[63-65]。针对黄河断流和水环境问题，水利部提出在水资源配置中应当考虑生态环境用水，1994年《环境水利学导论》中明确界定了环境用水的概念。之后，刘昌明等提出了我国21世纪水资源供需的生态水利问题[66]，进一步推动了河流生态流量的发展。

(4) 完善阶段。2000年至今为我国河流生态流量研究的完善阶段，以2006年《水电水利建设项目河道生态用水、低温水和过鱼设施环境影响评价技术指南（试行）》❶ 的出台为界，进一步又可以划分为2000—2005年和2006年至今两个阶段。随着南方地区、北方地区、西北干旱地区等不同区域研究的深入，逐步界定了生态流量和生态基流的概念，在评价指标体系、评价方法等方面也开展了大量工作，同时在环境影响后评价研究工作中也重点考虑了河流生态流量[67,68]。“十五”期间，“中国分区域生态用水标准研究”建立了全国层面的生态需水理论、生态需水分类和生态用水标准的技术体系[69]。2006年至今，我国河流生态流量研究快速发展，主要体现在多学科知识的交叉融合，在技术方法上与生态学、计算机科学等相结合，建立了相对完善的生态流量概念内涵，并在指南、导则等方面不断完善生态流量规范[70-72]。

2.1.3 河流生态流量相关概念

河流生态流量相关概念众多，国外使用较多的有环境流量（Environmental Flows）、河道内流量（In - stream Flow）、最小流量（Minimum Flow）、最小可接受流量（Minimum Acceptable Flow）等[73-76]。国内河流生态流量的相关概念大多是在国外概念基础上提出的，我国学者从多方面界定了生态流量的概念，例如，《水资源保护工作手册》《中国水利百科全书》《21世纪中国可持续发展水资源战略研究》提出的生态用水、环境用水、河道内生态需水等概念。目前，研究和管理实践中使用较多的概念有生态需水、生态环境需水量、最小生态需水量、生态环境需水、生态基流、敏感生态需水、适宜生态流量、环境流量（见表2.2），由于尚未形成统一的概念，除上述定义

❶ 《水电水利建设项目河道生态用水、低温水和过鱼设施环境影响评价技术指南（试行）》（环评函〔2006〕4号）。

之外，我国河流生态流量研究中还存在一些其他定义，如最小生态流量、基本环境需水、敏感生态需水量、生态系统需水量等[77-79]。

表 2.2 **河流生态流量相关概念**

名称	概念	来源
生态需水	生态需水是在流域自然资源，特别是水土资源开发利用条件下，为了维护河流为核心的流域生态系统动态平衡的临界水分条件	参考文献 [81]
生态环境需水量	生态环境需水量是维系生态系统平衡最基本的用水量，是生态系统安全的一种基本阈值	参考文献 [82]
最小生态需水量	最小生态需水量是维系生态环境系统基本功能的一种水量	参考文献 [83]
生态环境需水	生态环境需水可理解为生态需水和环境需水两部分。生态需水是指维持生态系统中具有生命的生物物体水分平衡所需要的水量；环境需水是指为保护和改善人类居住环境及其水环境所需要的水量	参考文献 [79]
生态基流	生态基流是指为维持河流基本形态和基本生态功能的河道内最小流量	参考文献 [84]
敏感生态需水	敏感生态需水是指维持河湖生态敏感区正常生态功能的需水量及过程；在多沙河流，要同时考虑输沙水量	
适宜生态流量	适宜生态流量是指水生态系统的生物完整性随水量减少而发生演变，以生态系统衰退临界状态的水分条件定义为维持水体生物完整性的需水	参考文献 [85]
环境流量	河流的环境流量是指在维持河流自然功能和社会功能均衡发挥的前提下，能够将河流的河床、水质和生态维持在良好状态所需要的河川径流条件	参考文献 [86]

上述众多相关概念中，河流生态流量仅是生态需水的一个方面，是指在特定水平下满足河流生态系统各项功能正常运行的水量和流量过程，包括：为保护和改善河流水质，实现生态和谐、环境美化目标和其他具有美学价值目标等所需的流量；维持水生生物正常生长、保护特殊生物和珍稀物种生存所需的流量；维持河流水沙平衡、水盐平衡等各项平衡关系所需的流量；以及人类日常生产、生活所需的流量等。根据河流生态系统不同功能需求，又分为水面生态需水（河流形态、水土保持、航运、娱乐、景观等）、输沙需水、生物生长繁殖需水、气候调节需水等类型。

对于不同的生态系统用水对象，生态流量以流域、河流、湿地、湖泊、河口等不同空间尺度的用水需求表现，河流生态需水又可分为河道内生态需水与河道外生态需水，根据河道内生态需水所满足的功能，又可分为生态基流和敏感生态需水。河流生态流量表现形式即维持河道内一定的流量过程，在筑坝河流上通过水库工程下泄一定的生态流量保障生态用水需求，包括维持基本用水需求的最小生态流量和维持敏感目标用水需求的生态流量过程[80]。

2.1.4 河流生态流量内涵

河流生态流量的内涵有广义和狭义之分，广义内涵是指坚持水质水量和水生态并重的原则，在特定时间和空间条件下，所预留的能够最大限度地保证河流各项基本生态功能需求的流量；相对而言，狭义的河流生态流量是维持河道不断流，避免河流水生生物群落遭受到无法恢复破坏的河道内最小流量[87-89]。

研究和确定生态流量目的在于遏止由于河道断流或流量减少造成的生物多样性减少和生态环境恶化，最终实现河流生态系统健康和可持续发展。但是，由于相关概念众多，内涵不断扩展，形成了满足河道内外多种生态功能的河流生态流量概念体系，需要从三个方面对其内涵进行辨析：一是对河流生态流量维持的功能辨析；二是对需水过程与需水量的辨析；三是对河流生态流量阈值设定与变化过程的辨析。

（1）河流生态流量维持的功能辨析。河流生态流量是指为维持河流基本形态和基本生态功能所需的流量，重点在于对河流基本功能的判别，而不仅仅是维持河流不断流所需的流量（见表2.3）。

表2.3　河流生态流量维持的功能

名　称	需水条件	功能范围	侧　重　点
生态流量	需水量 需水过程	自然生态系统 社会生态系统	河流基本形态 河流基本生态功能
生态基流	需水过程	自然生态系统	河道不断流
生态需水	需水量 需水过程	自然生态系统 社会生态系统	生态系统动态平衡
敏感生态需水	需水量 需水过程	自然生态系统 社会生态系统	生态敏感目标
生态环境需水量	需水量	自然生态系统 社会生态系统	生态系统动态平衡

续表

名　称	需水条件	功能范围	侧　重　点
最小生态需水量	需水量	自然生态系统 社会生态系统	生态系统动态平衡
适宜生态流量	需水过程	自然生态系统	水生生态系统完整性
环境流量	需水量 需水过程	自然生态系统 社会生态系统	生态系统动态平衡

生态需水是为了在流域自然资源开发利用的条件下维持流域生态系统动态平衡所需要的临界水分条件，强调的是系统动态平衡不被破坏，满足的是整个生态系统的需水量和需水过程；敏感生态需水则是强调生态敏感区的需水量及需水过程，不同敏感区和敏感目标的用水需求差异较大；生态环境需水量强调维护生态系统平衡的需水量；最小生态需水量是生态环境需水量的最小值，强调维持生态系统动态平衡的临界水量；适宜生态流量强调水生生态系统完整性，功能范围相对较小，仅面向河流中的水生生物，包括鱼类、浮游动植物、底栖生物等；环境流量则强调自然—社会生态系统的协调发展。

（2）需水过程与需水量的辨析。河流生态流量要求维持一定的流量，而不是一定时间内满足用水需求的需水总量。由于径流表现出随时间变化的特性，需水总量并不能保证在单位时间生态流量积分满足河流基本生态功能，因此需要在需水过程上对河流生态流量提出要求，通常以流量作为指标，要求水库大坝工程下泄一定的生态流量，减缓河流筑坝的生态环境影响。

（3）河流生态流量阈值设定与变化过程的辨析。辨析河流生态流量研究的时间尺度对于确定最小生态流量阈值具有指导意义，最小生态流量强调满足河流最基本的结构和生态功能，或简言之即为保持河道不断流的最小流量。最小生态流量研究的最小时间单元一般为年，对于某一条河流特定的河段，其基流在年内一般是单一值，而不是随时间不断变化的流量过程。随着研究的深入，最小生态流量研究的最小时间尺度逐渐变为季或月，即生态流量在年内为过程线，最小生态流量在年内也可以为多个值，例如，Tennant 法根据不同用水期将其分为鱼类产卵期和一般用水期。我国不同区域的最小生态流量具有显著的差异，确定河流最小生态流量时需要根据不同时期或不同水期分别计算各时段的流量，例如，我国北方地区最小生态流量计算时一般分为汛期与非汛期两个水期分别确定。

2.2 河流生态流量计算方法

由于以往研究对河流生态流量的概念界定不清，在引进国外生态流量计算方法时缺乏对我国实际情况的考虑，不同计算方法的结果差异较大，我国尚未形成普适性的生态流量计算方法。虽然也有一些方法的改进和创新，如环境功能设定法、考虑输沙和水质净化的生态流量计算方法等，并且基本形成了以多年平均天然流量的10%作为最小下泄生态流量的红线。但是，我国河流存在显著的流域、区域性特征，不同流域、区域的河流水文节律差异较大，目前的河流生态流量计算方法尚不足以指导实践工作。基于目前研究与实践的背景，本书回顾了国内外河流生态流量计算方法的发展历程，并对国内外计算方法进行分类研究，为不同计算方法的应用及我国河流生态流量标准的建立提供了依据。

2.2.1 国外发展历程回顾

1976年，Tennant通过对美国中西部多条河流栖息地开展调查建立了河道最小流量与河流栖息地质量关系，按照鱼类产卵时期将年内分为一般用水期和鱼类产卵期两个时段，分别提出了不同时段的流量范围[90]。随后，多种方法不断发展，1991年，Matthews和Bao在得克萨斯州发展了一种综合考虑区域水文特征与不同生物特性的方法，通过某一保证率下的月平均流量表示生态流量；其他方法如7Q10法、流量历时曲线法、变化范围法（Range of Variability Approach，RVA）等也开始发展并得到广泛使用[91-94]。20世纪80年代初，为评估水资源开发和管理活动对水生生物及河道外生态系统影响，美国鱼类及野生动植物管理局开发了河道内流量增量法（Instream Flow Increcemental Methodology，IFIM），用于解决水资源管理和生态系统最小需水量问题，适用于中小型栖息地。为了保护高海拔冷水鱼类及其河流浅滩栖息地，科罗拉多河委员会开发了R2Cross法，以曼宁公式为计算基础，通过河流的平均水深、平均流速和湿周率计算特定浅滩处最小流量，并用其代表整个河流的最小流量[95,96]。挪威建立了评估栖息地质量的CASIMIR法和PHABSIM法，用以预测流量变化对鱼类、无脊椎动物和大型水生植物的影响以及自然栖息地的变化情况。南非的建筑堆块法（Building Block Methodology，BBM）是考虑较为全面的一种方法，将河道内的流量划分四个等级，即最小流量、栖息地能维持的洪水流量、河道可维持的洪水流量和鱼类产卵期洄游需要的流量。在2007年的世界河流论坛上，以整体法为基础发展起来的水文变化的生态限度法（Ecological Limits of Hydrologic Alteration，ELOHA）被重点推荐，在世界范围内得到广泛使用[97-99]。

总体来看，国外河流生态流量计算方法已相对成熟，针对不同目标的流量等级划分较为明确，关注重点不仅是最小生态流量，而是逐渐从最小生态流量扩展至维持河流生态系统结构和功能所需的生态流量，尤其关注保护生物多样性、维持鱼类产卵洄游所需的流量过程。

2.2.2 国内发展历程回顾

我国目前使用最为广泛的是 Tennant 法的改进方法，一般采用的最小生态流量不低于多年平均天然流量的 10%。国内学者通过改进 7Q10 法，开发了一些适用于我国河流生态流量计算的方法，例如，以 10 年最枯月平均流量、90%保证率最枯月平均流量或最枯月平均流量多年平均值等作为生态流量。通常使用较多的是以 90%保证率河流最枯月平均流量、最枯月平均流量多年平均值作为生态流量。另外，有学者根据控制断面历年最小瞬时流量进行频率分析，取保证率为 90%的最小瞬时流量作为生态流量；也有以河流最小月平均实测径流量的多年平均值作为生态流量的河流基本生态环境需水量法[100,101]。国内通过实例研究及 Tennant 法验证，将月（年）保证率设定法作为计算生态流量的新方法，能够计算不同状况下的河流用水需求，适用于黄淮海平原等以季节性河流为主的地区。针对我国严重的水环境问题，有学者提出了根据河流水质保护标准和污染物排放浓度推算满足河流稀释、自净等环境功能所需水量的环境功能设定法；也有学者结合我国南方季节性缺水河流的水资源特征和污染情况，提出了一种 BOD－DO 水质数学模型法，主要适用于季节性缺水河流[102,103]。随着研究资料、监测调查资料逐渐丰富，水力学法、栖息地模拟法也得到发展，例如，生态水力学耦合模型、生态水力模拟法等方法，也有学者结合生物参数与河道参数提出了生态水力半径法[104-106]；在长江、黄河等资料相对丰富的地区，学者提出了水文-生态响应关系法，可从整体上分析大坝上下游河段的生态流量需求[107-110]。

总体来看，国内河流生态流量计算方法研究相对较少，开始阶段大多是对国外水文学和水力学方法的应用和改进，大多数研究是从水文、水质角度出发开展研究，河流生态流量计算主要是通过分析水文历史资料进行分析；后来逐渐提出了一些新的计算方法，但是仍然以水文学法和水力学法为主，栖息地模拟法也有一定程度应用，整体法还在探索中，推广应用还需更多研究与实践验证。

2.2.3 国内外计算方法分类

河流生态流量计算方法的发展是随着研究的深入不断丰富的过程，目前有记载的计算方法达 200 多种。自 20 世纪 70 年代以来，按照时间阶段和方法特点基本可以分为 4 大类（见表 2.4），即：水文学法（Hydrological Methods）、水力学法（Hydraulic Methods）、栖息地模拟法（Habitat Simulation Methods）和整体法（Holistic Methods）[111-113]。20 世纪 70 年代，基于水文历史资料分析原理，国外学者提出了水文学方法；20 世纪 80 年代，学者开始引入河流水力学参数计算生态流量；20世纪90年代，为维持河流生态系统完整性，研究侧重于从生态系统整体角度研究生态需水，将生物信息纳入计算方法中，建立了河流水文水动力学参数与生物生长繁殖状况关系的栖息地模拟法[114,115]。进入21世纪以来，随着河流连续体理论、洪水脉冲理论等理论的发展，逐渐形成了强调河流生态系统流量需求的整体法[116]。

表2.4　　国外河流生态流量计算方法分类

类别	主要方法
水文学法	Tennant法（Tennant Methods） 流量历时曲线法（Flow Duration Curve Methods） 变化范围法（Range of Variability Approach） 水生生物基流法（Aquatic Base Flow Method） 得克萨斯法（Texas Method） 基本流量法（Basic Flow Methodology） 90%保证率最枯连续7天流量法（7Q10 Method） ……
水力学法	湿周法（Wetted Perimeter Method） R2Cross法 ……
栖息地模拟法	河道内流量增量法（Instream Flow Incremental Methodology，IFIM） 分汊河道计算机辅助仿真模型法（Computer Aided Simulation Model for Instream Flow Requirements in Diverted Stream，CASIMIR） 物理栖息地模拟法（The Physical Habitat Simulation Model，PHABSIM） ……
整体法	整体分析法（Holistic Approach） 建筑堆块法（Building Block Methodology，BBM） 专家小组评估法（Expert Panel Assessment Method，EPAM） 科学小组评估法（Scientific Panel Assessment Method，SPAM） 栖息地分析法（Habitat Analysis Method） 标杆分析法（Benchmarking Methodology） 环境流量管理规划法（Environmental Flow Management Plan Method，FMP） 水文变异响应法（Downstream Response to Imposed Flow Transformation，DRIFT） 流量恢复法（Flow Restoration Methodology，FLOWRESM） 流量事件法（Flow Events Method，FEM） ……

（1）国外计算方法。水文学法也称水文指标法或标准流量法，是最为常用的河流生态流量计算方法，计算时利用简单的水文指标设定流量，计算结果通常为单一流量值作为河流最小生态流量，基本是以标准流量百分比、年或月保

证率、流量历时曲线、固定时段实测最小流量等指标表达。水力学方法大多以曼宁公式为计算基础，一般通过建立流量与水力学要素之间的关系确定生态流量，R2Cross 法和湿周法（Wetted Perimeter Method）是较为常用的水力学方法，湿周法一般通过建立临界栖息地区域的湿周与流量关系确定生态流量。栖息地模拟法以保护物种栖息地环境要素、水力学条件和流量条件为基础，通过建立三者关系确定生态流量，与水文学法和水力学法不同之处表现为对流量季节性变化和适当洪水规模的要求[117]。整体法是国外研究热点和发展方向[118,119]，主要原因为国外不仅关注水库最小下泄生态流量，更多关注实现多种河流生态系统服务功能应确定的生态流量及过程[120]。

（2）国内计算方法。国内对水文学法的引进与应用较多，目前最常用的是 Tennant 法及其改进方法，另外水力学法、栖息地模拟法也逐渐成为常用的方法，整体法基本仍处于研究阶段，实践过程中应用较少（见表 2.5）。

表 2.5 国内河流生态流量计算方法分类

类别	主要方法
水文学法	改进的 Tennant 法 环境功能设定法（王西琴，刘昌明，杨志峰在 2001 年提出） 最小月平均流量法（制订地方水污染物排放标准的技术原则与方法，GB 3838—83） ……
水力学法	修正的 R2Cross 法（郭新春，罗麟，姜跃良等在 2009 年提出） 生态水力半径法（刘昌明，门宝辉，宋进喜在 2007 年提出） ……
栖息地模拟法	生态水力学法（李嘉，王玉蓉，李克峰等在 2006 年提出） ……
整体法	水文-生态响应关系法（王俊娜，董哲仁，廖文根等在 2013 年提出） ……

国内学者通过改进 7Q10 法也提出了一些适用于我国河流生态流量计算的方法，90%保证率最小月平均流量法也是 7Q10 法在我国的延伸[121,122]。同时，我国形成了针对不同区域分别考虑生态流量的计算方法，例如，考虑南方季节性缺水河流的计算方法、干旱区的生态需水评价方法、考虑春汛期生态需水阈值的方法等[123-125]，基于流域水循环的计算方法、考虑水资源配置的计算方法也有一定程度应用[126,127]。也有学者提出针对坝下减脱水河段微生物模拟计算的生态水力学法，适用于季节性大中型河流水生生物生态需水量的计算[128-130]。

2.3 常用计算方法应用分析

2.3.1 常用计算方法的原理

(1) 水文学法。水文学法的代表方法有 Tennant 法、90%保证率法、7Q10 法、基本流量法等(见表 2.6)。总体来看,水文学法是以历史流量为基础确定河流生态流量,能够反映年平均流量相同的季节性河流和非季节性河流的差别。

表 2.6 河流生态流量计算方法——水文学法

方法	指标表达	特点
Tennant 法	将多年平均流量的 10%~30%作为生态流量	对长序列水文资料要求不高,不适用于季节性变化大的河流
90%保证率法	90%保证率最枯月平均流量	适合水资源量小,且开发利用程度已经较高的河流;要求拥有长序列水文资料
近十年最枯月流量法	近十年最枯月平均流量	与 90%保证率法相同,均用于纳污能力计算
流量历时曲线法	利用历史流量资料构建各月流量历时曲线,以 90%保证率对应流量作为生态流量	简单快速,同时考虑了各个月份流量的差异。需分析至少 20 年的日均流量资料
7Q10 法	90%保证率最枯连续 7 天的平均流量	适用于水资源量小,且开发利用程度已经较高的河流;计算需要长序列水文资料
Texas 法	50%保证率下月平均流量的特定百分率	考虑水文季节变化因素,特定百分率的设定以研究区典型植物以及鱼类的水量需求为依据
RVA 法	指标发生几率的 75%和 25%作为 RVA 阈值,阈值差值的 25%作为生态流量	确定 RVA 阈值是计算生态需水的基础
NGPRP 法	平水年 90%保证率的流量	考虑了枯水年、平水年和丰水年的差别

续表

方法	指标表达	特点
基本流量法	选取平均年的1天，2天，3天，…，100天的最小流量系列，计算流量变化情况，将相对流量变化最大处点的流量设定为河流所需基本流量	能反映出年平均流量相同的季节性河流和非季节性河流在生态环境需水量上的差别
月（年）保证率法	将年内流量过程分为非汛期和汛期，主张非汛期少用水，汛期多用水	适用于水资源利用程度大的河流
最小月平均流量法	以河流最小月平均实测径流量的多年平均值作为河流的生态流量	由于采用实测径流量，因此要求选用人类影响较小时的实测资料

（2）水力学法。水力学法的基本原理是建立流量与河道水力学参数之间的相关关系，河道水力学参数可以通过实测或采用曼宁公式计算获得，R2Cross法和湿周法是较为常用的水力学法，一同被引入我国，成为我国确定河流生态流量的推荐方法（见表2.7）。

表2.7　河流生态流量计算方法——水力学法

方法	指标表达	特点
湿周法	湿周流量关系图中的拐点确定生态流量；当拐点不明显时，以某个湿周率相应的流量，作为生态流量。湿周率为50%时对应的流量可作为生态流量	适合于宽浅矩形渠道和抛物线形断面，且河床形状稳定的河道，直接体现河流湿地及河谷林草需水
R2Cross法	采用河流宽度、平均水深与流速、湿周率等指标来评估河流栖息地的保护水平，从而确定河流目标流量	R2Cross法的基础是曼宁公式，根据一个河流断面的实测资料，确定相关参数并将其代表整条河流

（3）栖息地模拟法。栖息地模拟法较为复杂，应用比较广泛的是美国鱼类和野生动物保护部门开发的河道内流量增量法（Instream Flow Incremental Methodology，IFIM），目的是建立鱼类和流量关系；其他方法如物理栖息地模拟法（The Physical Habitat Simulation Model，PHABSIM）、中尺度栖息地适宜度模型（Mesohabitat Simulation Model，MesoHABSIM）等方法也有所应用（见表2.8）。

表 2.8 河流生态流量计算方法——栖息地模拟法

方　法	指　标　表　达	特　　点
IFIM法	利用水力模型预测水深、流速等水力参数，把特定水生生物不同生长阶段的生物学信息与其生存的水文、水化学环境相结合，考虑流量、最小水深、水温、溶解氧、总碱度、浊度、透光度等指标	能将生物资料与河流流量研究相结合，同时还可以和水资源规划过程相结合
PHABSIM法	该模型要求将河道断面按照一定距离分割，确定各部分的地质、水文、基质和河面覆盖类型等，调查分析指示物种对这些参数的适宜要求	统筹考虑每个断面、每个指示物种的生境适宜性
MesoHABSIM法	包含水文形态模型、生物模型和栖息地模型3个部分。水文形态参数常涉及水深、流速、基质等，以物理化学属性作为自变量，以生物数据作为因变量，建立栖息地环境与生物丰度的逻辑回归模型	该方法既能整体反映河段水文生态关系，又能对水系流域河流管理和生态修复提供科学参考

（4）整体法。整体法包括建筑堆块法、整体研究法、水文-生态响应关系法等（见表2.9），强调河流是一个综合生态系统，从生态系统整体出发，根据专家意见综合研究流量、泥沙运输、河床形状与河岸带群落之间的关系，使推荐的流量能够同时满足生物保护、栖息地维持、泥沙沉积、污染控制和景观维护等功能。

表 2.9 河流生态流量计算方法——整体法

方法	指　标　表　达	特　　点
建筑堆块法	生态学家和地理学家对河流流速、水深和宽度提出要求，水文学家根据水文数据进行分析，以保证可以满足河流生态流量，并且符合河流实际情况。 包括干旱年基本流量、正常年基本流量、干旱年高流量、正常年高流量等	该法主要是根据专家意见，定义河流流量状态的组成成分，利用这些成分确定河流的基本特性
整体研究法	该法认为较小的洪水可以保证所需营养物质的供应，以及颗粒物和泥沙的输运，中等的洪水可以造成生物群落重新分布，较大的洪水则能造成河流结构损坏，低流量可以保证营养物质循环、群落动态性和动物迁移、繁殖，影响湿地物种种子存活，避免鱼类死亡和在季节性河流中产生有害物种	基本原则就是保持河流流量的完整性、天然季节性和变化性。洪水和低流量都是河流生态系统保护所需要的，其规模和持续时间根据保护要求确定

续表

方法	指标表达	特点
水文-生态响应关系法	①调研河流的生态状况； ②认识自然水文情势的生态功能、水文情势改变的生态响应，构建水文-生态响应的概念模型； ③确定环境水流评估的生态保护目标及其关键期； ④针对不同生态目标，采用一定的数学模型和方法建立水文指标与生态指标的量化关系； ⑤估算生态需水，并与人类需水相协调，确定可操作的环境水流； ⑥基于适应性管理方法开展多次环境水流试验，不断修正水文-生态响应关系和环境水流估算结果	步骤②～⑤包含了该方法的核心技术和创新之处

2.3.2 常用计算方法的适宜性

（1）不同计算方法优缺点分析。国内外虽然已形成多种成熟的河流生态流量计算方法，但各种方法本身仍存在一定不足，不同计算方法侧重点存在差异（见表2.10）。国外计算方法在我国应用时存在许多限制，一些方法的可移植性较差，虽然我国也已开发了适用于我国河流的生态流量计算方法，但是在宏观管理层面和实践应用层面仍存在一些问题。

表2.10　河流生态流量计算方法比较

类别	目标	优点	缺点
水文学法	作为经验公式用于宏观管理	一般计算较简单，且对数据要求一般不高	一般没有直接考虑与水生生物的关系，忽略了生物参数及其相互影响
水力学法	建立了河道地形与生态流量之间的关系	较水文学法更为准确，考虑了河道形态要素，一般河道数据可通过调查获得，同时可为其他方法提供水力学依据	应用时仅采用一个或几个断面数据代表整条河流的水力参数，应用时容易产生较大误差。大多数水力学法未考虑河流季节性变化，一般不能用于季节性河流
栖息地模拟法	将河流流量、水力参数与生物资料相结合	较为充分地考虑了生物目标需求	定量化生物信息不易获取，在具有多个敏感目标的河段，计算结果的准确性需要进一步判断
整体法	评估整个河流生态系统的需求	计算结果能够最大限度地保障生态流量	整体法需要大量水文数据、水力参数、生物数据和多学科专家咨询意见，不利于作为管理手段使用

1）水文学法。水文学法以历史流量为基础确定河流生态流量，能反映出年平均流量相同的季节性河流和非季节性河流在生态环境需水量上的差别，而

且计算容易，该法虽然缺乏生物学资料证明，没有明确考虑食物、栖息地、水质和水温等因素，但由于这是水生生物原有的生活条件，认为该流量能维持现存的生物形式，在该流量下这些因素可以满足现有生物的要求。水文学法一般计算较简单，且对数据要求一般不高，但一般要求至少具有10年或20年以上长度序列的水文数据，同时水文学法一般没有直接考虑水生生物，最初从Tennant通过建立河宽、平均速度、流速与平均流量的关系确定生态流量，到目前作为经验公式使用的过程，使水文学法逐渐简化，忽略了生物参数及其相互影响的关系。

因此，水文学方法一般不能完全反映河道生态流量的实际情况，仅可作为前期目标管理使用，或者作为其他方法的粗略检验。

2）水力学法。水力学法基本原理是建立流量与河道水力学参数之间的相关关系，水力参数可以通过实测或采用曼宁公式计算获得。R2Cross法和湿周法都是在一定的假设前提下，利用水力学参数作为栖息地的质量指标来估算河道内生态流量，在水生生物栖息地保护中应用较多。水力学法较水文学法更为准确，考虑了河道形态要素，一般河道数据可通过调查获得，同时可为其他方法提供水力学依据。但往往水力学法仅采用一个或几个断面数据代表整条河流的水力参数，应用时容易产生较大误差。大多数水力学法未考虑河流季节性变化，一般不能用于季节性河流。

3）栖息地模拟法。栖息地模拟法较为复杂，该法既不需要建立种群和生境之间的联系，也不需要像水文—生物分析法所需的生物数据量。该方法的缺点在于还不适用于无脊椎动物和植物物种，没有预测生物量或者种群变化，只是用生境指标进行代替，与其他模型缺乏紧密结合，没有明确考虑泥沙运输和河道形状变化，实施需要大量人力物力，不适合于快速使用。栖息地模拟法是对水文学法和水力学法的补充，将河流流量、水力参数与生物资料结合计算生态流量，较为充分的考虑了生物目标需求。但由于定量化生物信息不易获取，尤其是在具有多个敏感目标的河段，计算结果准确性需要进一步判断。

4）整体法。整体法从保护单一物种或生态目标向生态完整性方向全面评估整个河流生态系统的需水状况，根据专家意见综合研究流量、泥沙运输、河床形状与河岸带群落之间的关系，使推荐的生态流量能够同时满足生物保护、栖息地维持、泥沙沉积、污染控制和景观维护等功能，计算结果能够最大限度地保障生态流量。但是，整体法也存在一定的不足，一般整体法假设自然条件的水文情势是最佳水流条件，过多地依赖多学科的专家知识，同时需要大量生物数据，对水质和泥沙问题考虑不足，在目前我国水利水电工程快速发展阶段应用性较差，尤其限制了在水库河段的应用；且整体法需要大量水文数据、水力参数、生物数据和多学科专家咨询意见，不利于作为管理手段使用。

（2）不同计算方法适用条件分析。国内外河流生态流量各种计算方法都是在一定适用条件下提出的，本书总结了目前常用的几种方法，并分析了其适用条件（见表 2.11）。

表 2.11　　河流生态流量常用计算方法的适用条件

类别	方　法	适　用　条　件
水文学法	Tennant 法	适合北温带河流生态系统和常年性河流，不适合季节性河流
	流量历时曲线法	考虑了各月份差异，一般需要 30 年以上的流量系列
	变化范围法	需要至少 20 年的日均流量资料
	水生生物基流法	不适用于季节性河流，对于受人为因素影响较大的河流需要获得还原后的流量系列
	得克萨斯法	考虑了产卵期或孵化期等不同生物特征时期和区域特征条件下的月需水量。至少需要 20～30 年的流量系列
	7Q10 法	主要适用于计算污染物允许排放量
水力学法	湿周法	适合宽浅矩形渠道和抛物线形断面，且河床形状稳定的河道
	R2Cross 法	水力参数针对美国科罗拉多州河流水生生态系统设定，适用于美国高海拔地区冷水性鱼类，在其他地区应用时需对水力参数进行修正。对 30m 以上河宽的河流未给出标准
栖息地模拟法	河道内流量增量法	不适用于无脊椎动物，只用生境指标代替生物量变化，未明确考虑泥沙运输和河道形状变化
	PHABSIM	需要详细勘查河流水力和形态要素，不仅限于单一物种
整体法	整体分析法	需要建立河流监测系统，未形成结构化的评估程序
	BBM	需要建立河流监测系统
	EPAM	仅关注河流生态系统中的鱼类保护目标，评价标准过于简单
	DRIFT	需要结合不同领域对河流天然水情、地形地貌、水生生物等信息开展研究，难以获取的资料以专家意见代替
	水文-生态响应关系法	仅适用于资料丰富的河流

通过各种计算方法适用条件可知，水文学法大多需要 20 年以上的日流量系列资料，作为经验公式，Tennant 法虽然计算简单，但仅适用于北温带河流生态需水或者大的常年性河流，比较适用于我国北方地区河流，对南方地区、

西北干旱地区和西南高山峡谷区河流适用性较差。其他水文学方法如流量历时曲线法和得克萨斯法考虑了不同月份差异、不同生物特征时期差异或不同区域条件差异，能够反映年内不同时期的用水需求，可用于Tennant法的补充计算；7Q10法是以水质目标为主的计算方法，主要适用于计算污染物允许排放量，可用于我国污染较重的河流。

水力学法中以湿周法和R2Cross法最为常用，但湿周法仅适用于河床稳定的宽浅矩形和抛物线形断面河道，不适用于我国西南高山峡谷区V字形河道的计算；R2Cross法可适用于西南高山峡谷区河流，但水力参数需根据区域特征进行修正。

栖息地模拟法中河道内流量增量法为常用计算方法，一般以单一目标物种的生境指标表示其生物量的变化，且不适用于无脊椎动物；PHABSIM作河道内流量增量法框架下的主要计算软件，需要详细勘查河流水力和形态要素。

整体法的基本要求是建立完善的河流生态监测系统，以保证水文、生物和生态等数据满足计算要求，整体法尚未形成结构化的评估程序，例如，EPAM评价标准过于简单，水文-生态响应关系法仅适用于资料丰富的河流。

总体来看，一般水文学法和水力学法能够满足河流生态流量计算需求，栖息地模拟法一般设定单一目标保护物种，适用性已逐渐向整体法转移，整体法需耗费大量时间与资金用于前期监测、中期适应性管理与后期分析评估，目前还未能在我国大规模应用。因此，本书建议在我国生态流量计算时，可依据整体法的基础建立我国生态流量评估框架，在已有水库、水文站监测资料基础上建立完善河流生态监测系统，尽可能选择适宜计算方法，计算不同区域河流生态流量，通过开展适应性管理，不断修正和优化生态流量过程。

2.3.3 生态流量计算的注意事项

通过分析国内外河流生态流量概念、内涵和计算方法，本书建议在生态流量计算时应注意以下问题，以保障结果的科学性和合理性。

（1）为防止水库大坝工程坝下出现减脱水河段，应在工程蓄水期和运行期下泄一定的生态流量。由于各流域水资源量及其时空分布不均、水资源开发利用程度差异较大，下泄生态流量一般需要分区域、分阶段确定。在数据条件允许的情况下，应尽量采用多种方法计算，结合坝下河道特征与坝下河段受工程影响的珍稀、特有保护水生生物及其栖息地等目标进行计算，分析不同方法计算结果的科学性与合理性，原则上取多种方法计算结果的外包线作为生态流量。

（2）计算生态流量所需的资料主要包括水文资料、断面资料、水生生态资料及水生生态保护与修复的相关资料和研究成果。应收集的水文资料，包括工程坝下干支流流量、流速、水位的时空分布等资料。采用水文学法进行计算时，应收集工程坝址处长系列流量资料；采用水力学法或生态水力学法进行计算时，应收集控制断面的水位流量关系曲线。采用生境分析法计算时，应收集目标物种产卵场的实测水边线及其产卵孵化期的水文过程等资料。应收集的地形资料包括计算范围内的实测断面和水下地形资料。对于引水式水电站，其减脱水河段的实测断面一般每公里不少于1个断面；对于堤坝式水电站，实测断面应包括计算范围内宽浅型和窄深型断面。若计算范围内分布有目标物种集中产卵场，应进行产卵场水下地形测量，测量精度应以反映河床地貌为宜。采用水力学法或生态水力学法进行计算时，应收集河道实测断面资料。采用生境分析法计算时，应收集目标物种产卵场水下地形资料。应收集的水生生态资料包括水生动植物的种类、分布、繁殖习性和栖息地特征等资料。采用生态水力学法进行计算时，应收集目标物种鱼类体长等资料。采用生境分析法计算时，应收集目标物种产卵孵化期所需的水深、流速等水力生境参数等资料。

（3）生态流量原则上不应小于历史最枯流量，北方河流应分为汛期和非汛期两个水期分别进行计算，一般情况下，非汛期不宜低于多年平均天然流量的10%，汛期应达到多年平均天然流量的20%～30%。南方河流不宜低于90%保证率下最枯月平均流量，如果采用Tennant法计算，应达到多年平均径流量的20%～30%。在设计时，生态流量保证率应按100%考虑，保障生态用水优先。

第3章

国内外生态流量管理政策法规

3.1 国外生态流量管理政策法规

3.1.1 生态流量管理决策依据

国外生态流量方面的法律法规不断完善，包括美国、加拿大、欧盟等在内的许多国家或组织均颁布了保障生态流量的相关政策、法规或导则（见表3.1）。通过国外保障生态流量的政策法规可知，水法是保障各国水资源和生态流量实施的基本依据，水资源法是管理河流生态流量的重要依据。由于生态流量的时空差异特征，各国制订了基于本国国情的生态流量管理制度或政策，尤其是基于生态流量适应性管理方法的实践，有效保障了河流生态健康。

表3.1 国外生态流量管理的政策法规

国家/组织	年份	政策法规
美国	1968	《自然景观河流法》
	1986	《水资源开发法》
	2011	《低影响水电认证制度》
欧盟	2000	《水框架指令》
英国	1963	《水资源法》（第19条）
	1972	《水污染控制法》
	1989	《水法》（1989）
	1990	《环境保护法》
	1991	《水资源法》
	1992	《渔业法》
	1995	《环境法》
	2003	《水法》（2003）

续表

国家/组织	年份	政 策 法 规
法国	1984	《淡水渔业法》
	1992	《水法》
	1992	《渔业法》
	1957	《乡村法》第232.5条
瑞士	1991	《水保护法》
	2001	《绿色水电认证制度》
澳大利亚	1996	《关于生态用水供应的国家原则》
	1999	《环境流量导则》(1999)
	2002	《河道保护导则》
	2003	《水法》
	2004	主题为“Think water，act water”的水资源可持续性管理政策
	2006	《环境流量导则》(2006)
	2007	《水资源法案》
	2011	《环境流量导则草案》(2011)
西班牙	1985	《水法》
瑞典	1999	《环境法》第7部分31章22条
加拿大	1970	《水法》
	1985	《环境法》
	1987	《联邦水事政策》
	1999	《环境保护法》
保加利亚	1999	《水法》
智利	1981	《水法》
坦桑尼亚	2009	《水资源管理法》
南非	1988	《水法》

(1) 美国。美国46个拥有河流水资源管理权的州中有11个州已经制定了明确的法规和条例，用以指导水资源的利用和河流生态流量的保护。以美国科

罗拉多州为例，1973年州水利局（Colorado Water Conservation Board，CWCB）被授权拥有批准河流流量和天然湖泊水位水权的权利，州水利局代表州人民掌握河流的流量权以便能合理地保护自然环境。联邦制定了《自然和景观河流法》（《Wild and Scenic Rivers Act》），将部分河流划定为自然风景类河流，以保护其不被开发或阻止开发与该法案目的不一致的水利工程，一些州也划定出本州的自然和景观河流加以保护。美国佛罗里达州水管理委员会从流量、持续时间和频率设定了生态流量阈值。

（2）法国。法国通过颁布《水法》来保证水资源的统一管理和水环境保护，明确将河流最小生态流量放在了仅次于饮用水的优先地位，1992年颁布的《水法》和《渔业法》中规定10%的实测径流量作为保证河道内最小生物基流的底限，并明确指出实测径流至少应当有5～10年的资料。《乡村法》第232.5条规定：河流最低环境流量不应小于多年平均流量的10%；对于所有河流或者部分河流，如果其多年平均流量大于80m^3/s，此时政府可以给每条河流制定法规，但最低流量的下限不得低于多年平均流量的5%。

（3）澳大利亚。澳大利亚在1999年、2002年、2006年和2011年颁布了一系列环境流量导则管理生态流量，在2003年颁布的《水法》基础上，2004年4月，实施了主题为“Think water，act water”的水资源可持续性管理政策。主要包括提高水的利用效率、减少水质影响、保护休闲和娱乐价值。2007年的《水资源法案》规定了控制可直接使用的地表水，要求所有的水体中都要定义环境流量。1999颁布的《环境流量导则（1999）》中规定环境流量是维持河流生态系统健康所必需的流量。2006年和2011年相继又颁布了《环境流量导则（2006）》和《环境流量导则草案（2011）》，澳大利亚可持续的水资源管理政策提高了用水效率[131-133]。

（4）加拿大。加拿大生态流量相关法律与政策主要有1970年《水法》、1985年《环境法》、1999年《环境保护法》以及1987年《联邦水事政策》，各省水资源法律与政策未统一，在加拿大的大西洋四省（Atlantic Canada，包括新伯伦瑞克、新斯科细亚、纽芬兰和爱德华王子岛），25%的平均流量是保护水生生物的最小流量。

（5）其他国家。日本最小生态流量设计取值为10年内最低旬流量；R2Cross法选取0.3m/s平均流速作为生态流量的合理流速。印度和孟加拉国多年来一直就恒河水量的合理分配进行协调。泰国和越南也在不断地围绕湄公河的分水问题进行谈判。

保加利亚规定河道内生态基流量不应小于75%保证率的月均流量。捷克、斯洛伐克和匈牙利一直探索关于如何合理利用多瑙河的水资源。斯洛文尼亚要求新建工程设计阶段需预先确定各个河段的生态流量。有些国家（例如德国）

水资源较丰富，没有全国统一的生态流量管理规定，水资源管理职权下放到各州甚至是区县和乡镇。

在非洲，由两个国家共有河流或湖泊的流域就有 57 个，因水资源利用协调不善而引发的矛盾屡见不鲜。1998 年南非颁布了新的《水法》并指出为了保证未来水资源的可持续利用，对于河流要确保其生态功能的河流生态流量，随后南非的学者开始积极的用水文学法或其他方法开展生态流量的计算研究，建筑堆块法就是在此过程中产生的。坦桑尼亚通过颁发“用水许可证”的措施管理水资源，2009 年的《水资源管理法》明确提出在颁发用水许可证时须考虑生态流量。

(6) 国际组织。国际水电协会（International Hydropower Association，IHA）、世界银行、联合国等国际组织也颁布了与保障生态流量相关的政策文件[134]，但尚没有专门针对生态流量阈值的规定，在标准确定和执行方面存在一定不足[135,136]。

1993 年，世界银行发布的水资源政策文件虽然明确了地下水可再生性维持的标准，即水资源开发利用总量决不能超过地下水补给量，但缺乏有关生态流量的确定原则，也没有可再生水域的水生动植物体系的生态环境标准。1997 年，联合国大会虽然通过了《国际水域非航海使用法条款》，但同样没有指出河流生态环境需水量的定量评估方法。维持河流系统水资源可再生性的机理非常复杂，季节变化、区域位置、生物种类、水量分布、泥沙运移、水盐平衡、气候变化、人类活动以及价值观念等都影响着水资源配置的决策。

3.1.2 生态流量管理规定内容

国外生态流量管理的政策法规主要有两类：一是设定最小生态流量的红线管理规定，二是未设定最小生态流量的原则性规定。由于生态流量涉及多方面内容，本书仅梳理了明确规定河流生态流量数值的相关法律法规内容（见表 3.2），具体法律法规来源及内容见表 3.4。

美国低影响水电认证标准作为评价水电站环境影响的依据，从水质、鱼道和鱼类保护、濒危物种保护等 8 个方面对水电站的下泄生态流量提出要求，以减缓对环境不利影响，例如，佛罗里达州的水管理委员会从流量、持续时间和频率设定了生态流量阈值，获得认证的水电站可通过“自愿绿色电力购买计划”加价销售电力。欧盟水框架指令规定必须采取补救措施，建立过鱼设施，保障其洄游迁徙。澳大利亚在 2007 年《水法》中作了原则性要求，在《水资源法》中进行了比较详细的说明。南非通过建筑堆块法确定生态流量，解决很多河流生态问题，由一组河流专家确定最新的生态流量。英国在 1963 年《水资源法》、1989 年《水法》、1991 年《水资源法》、1990 年《环境保护法》和 2003 年

表3.2　　国外生态流量管理规定内容

国家	法律法规	内容
英国	《水资源法》《环境保护法》	水库下泄水量不能低于当局规定的最小流量，通常用 Q^{95} 指标，干旱年流量指标用年平均最小流量
	《渔业法》	最小流量为不少于现有项目平均流量的1/40
法国	《水法》《渔业法》	10%的实测径流量作为保证河道内水生生物的最小值，实测径流量至少应当有5～10年的资料
	《乡村法》第232.5条	河流最低环境流量不应小于多年平均流量的10%；对于所有河流，或者部分河流，如果其多年平均流量大于 $80m^3/s$，此时政府可以给每条河流制定法规，但最低流量的下限不得低于多年平均流量的5%
	《淡水渔业法》	河流支流保留流量不低于现有计划平均流量的1/40、不低于新计划中平均流量的1/10
保加利亚	《水法》第117条	河道生态流量不应小于75%保证率的月均流量
加拿大	《大西洋四省规定》	25%平均流量作为保护水生生物的最小流量
西班牙	《水法》	由于缺少监测数据，通常用年平均流量10%作为河流最小环境流量
智利	《水法》	环境流量不应大于年平均流量的20%，在特殊的情况下可由总统决定，也不应大于年平均流量的40%
瑞士	《水保护法》	①计算确定 Q^{347} 流量值；②计算与 Q^{347} 流量值相对应必须保证的最小流量值；③分析例外情况，是否需要降低最小流量值；④利益权衡，分析是否需要增加最小流量值
瑞典	《环境法》	必须设定相当于发电经济收益5%～20%的最小流量，目前执行的最小流量标准相当于5%的发电收益

《水法》中也都做出了对最小可接受流量的规定，水库下泄水量不能低于当局规定的最小流量，通常用自然状态下的低流量指标 Q^{95} 确定环境流量，干旱年流量用年平均最小流量指标。法国基本以多年平均流量的10%作为最小生态流量。保加利亚《水法》第117条规定，河道内生态需水量不应小于75%保证率的月均流量。由于缺少监测数据，西班牙通常用年平均流量10%作为河流最小生态流量。智利对生态流量上限的规定是最大不应大于年平均流量的40%。瑞士的《水保护法》规定的生态流量为与 Q^{347} 流量值相对应必须保证的最小流量值，同时需要考虑例外情况和利益权衡。瑞士建立的“绿色水电”认证制度，通过最小流量、调峰、水库、泥沙、水电站建筑物设计5个

方面的管理措施促进了河流生态流量的改善，并将最小流量与发电经济收益相结合，执行的最小流量标准相当于5%发电收益的流量[137]。瑞典《环境法》规定优先保证发电机组最小流量，以确保鱼类种群的可持续性生存；有些电站为改善鱼类栖息地和鱼类迁徙，通过政府资金补偿甚至泄放大于20%发电收益的流量。

通过国外生态流量管理的政策法规可知，国外规定的生态流量阈值一般为多年平均流量或实测径流量的10%，但最大不超过40%，其他规定内容也有采用Q^{95}或Q^{347}指标的例子。使用“绿色水电”认证制度的国家建立了发电效益与最小流量的联系，设定了生态流量补偿措施。

3.2 国内生态流量管理政策法规

3.2.1 生态流量管理决策依据

为保障生态流量，我国也颁布了一系列相关的法律、规范、导则和指南(见表3.3)。“九五”期间“西北地区水资源保护与合理利用”项目明确提出了生态需水。之后，水利部提出在水资源配置中应考虑生态环境用水，在全国水功能区划、全国水资源规划、南水北调水资源配置、水利与国民经济协调发展等项目中，都将生态需水与环境用水作为必须考虑的内容。

表3.3 **我国生态流量管理政策法规依据**

类型	年份	名　　称
法律	2002	《中华人民共和国水法》
	2015	《中华人民共和国环境保护法》
规范	2006	《江河流域规划环境影响评价规范》(SL 45—2006)
	2008	《水资源供需预测分析技术规范》(SL 429—2008)
	2009	《建设项目竣工环境保护验收技术规范　水利水电》(HJ 464—2009)
	2011	《水利水电工程环境保护设计规范》(SL 492—2011)
	2014	《河湖生态环境需水计算规范》(SL/Z 712—2014)
导则	2003	《环境影响评价技术导则　水利水电工程》(HJ/T 88—2003)
	2005	《建设项目水资源论证导则（试行)》(SL/Z 322—2005)
	2010	《河湖生态需水评估导则（试行)》(SL/Z 479—2010)
	2011	《水利水电建设项目水资源论证导则》(SL 525—2011)

续表

类型	年份	名　　称
导则	2015	《水利建设项目环境影响后评价导则》(SL/Z 705—2015)
	2015	《河湖生态保护与修复规划导则》(SL 709—2015)
指南	2006	《水电水利建设项目河道生态用水、低温水和过鱼设施环境影响评价技术指南（试行)》
	2010	《水工程规划设计生态指标体系与应用指导意见》

2006年，原国家环境保护总局发布的《水电水利建设项目河道生态用水、低温水和过鱼设施环境影响评价技术指南（试行)》中提出多种生态流量计算方法，对我国水利水电工程下泄生态流量计算起到重要指导作用。但是，不同环节与不同工程的生态流量确定时仍存在一定问题，如水资源论证中对生态流量的确定往往依据《建设项目水资源论证导则（试行)》（SL/Z 322—2005）规定的“生态流量取用多年平均流量的10%～20%”的要求，《长江流域水资源综合规划》中，对长江生态基流一般采用90%或95%保证率最枯月平均流量，而建设项目环评阶段一般取多年平均天然流量的10%为生态流量下限。

3.2.2 生态流量管理规定内容

（1）生态流量相关法律。我国生态流量管理的相关法律并不多，未形成专门对生态流量的规定条款，仅在一些相关法律中体现了对生态流量的考虑。如《中华人民共和国水法》第四十五条规定，调蓄径流和分配水量，应当依据流域规划和水中长期供求规划，以流域为单元制定水量分配方案。《中华人民共和国水资源法》第二十一条规定，在干旱和半干旱地区开发、利用水资源，应当充分考虑生态环境用水需要。2005年新的《中华人民共和国环境保护法》第二十九条规定，国家在重点生态功能区、生态环境敏感区和脆弱区等区域划定生态保护红线，实行严格保护。

已发布的相关法律虽然未明确提出生态流量的概念内涵，但从河流生态系统保护的角度对生态流量提出了要求，即要求在河流生态环境保护时，应划定河道生态流量约束红线。

（2）生态流量相关规范。2006年，《江河流域规划环境影响评价规范》(SL 45—2006）对环境用水的范围做出了限定，内容包括维护和改善江河、湖泊等水域环境的用水；河道输沙和河口冲淤、压咸用水；改善盐渍地和保护草原、荒漠植被的用水；保护珍稀、濒危动植物和维持鱼类产卵、繁殖的用水；美化环境及旅游用水等。2008年，《水资源供需预测分析技术规范》（SL

429—2008）规定："生态基流一般取控制节点的90%频率最小月平均流量；河道内最小生态环境需水量，北方一般采用控制节点多年平均年径流量的10%～20%，南方采用20%～30%；满足特殊要求生态环境需水量是在河道最小生态环境需水量分析的基础上，一般也采用占多年平均年径流量的百分数进行估算。"2011年，《水利水电工程环境保护设计规范》（SL 492—2011）规定了应设计生态与环境需水保障措施。2014年，《河湖生态环境需水计算规范》（SL/Z 712—2014）规定了河流、湖泊等生态需水量的计算方法，并规定生态基流是指年内生态环境需水过程的下限值，该值是维持河流控制断面生态环境用水需求，河道中必须予以保留的最小水量。

根据相关规范的要求和规定，生态基流为生态环境需水过程的下限值，从2006—2014年发布的规范可以看出，对生态流量的概念内涵界定逐渐清晰，逐渐将生态基流从生态流量的概念中剥离，明确了河道中的最小水量。

（3）生态流量相关导则。2003年的《环境影响评价技术导则　水利水电工程》（HJ/T 88—2003）指出，应提出生态用水补偿措施。2005年的《建设项目水资源论证导则（试行）》（SL/Z 322—2005）明确说明，北方河道生态流量原则上应不小于多年平均流量的10%，枯水时段不应低于同期流量均值的20%。2010年《河湖生态需水评估导则（试行）》（SL/Z 479—2010）总结了较为成熟的生态流量计算方法。2011年《水利水电建设项目水资源论证导则》（SL 525—2011）规定，原则上按多年平均流量的10%～20%确定，水网区、湖泊、水库、闸坝等蓄水工程，可按最小水深控制；季节性河流或干旱区，需在保持现状生态用水量的基础上适度增加。2015年《河湖生态保护与修复规划导则》（SL 709—2015）规范了生态需水的类型和概念。2015年《水利建设项目环境影响后评价导则》（SL/Z 705—2015）对生态环境用水的要求是评价生态环境用水量、过程及生态环境需水目标满足程度，评价生态环境水量下泄保障和管理措施的执行情况及实施效果。

已发布的相关导则提出了生态流量保障的概念和措施，在实施过程中不仅要求维持河流最基本结构和功能的最小流量，同时要求水利水电工程在建设时修建下泄生态流量保障措施，保障工程运行时的生态流量下泄。

（4）生态流量相关指南。2006年《水电水利建设项目河道生态用水、低温水和过鱼设施环境影响评价技术指南（试行）》的重点是确定了河道生态流量推荐方法。2010年《水工程规划设计生态指标体系与应用指导意见》指出，水工程规划与设计时生态水文要素应考虑流域尺度、河流廊道尺度与河段尺度的生态基流与敏感生态需水，并进一步规范了河道生态基流的内涵，即为防止河道断流、避免河流水生生物群落遭受到无法恢复的破坏所需的最小流量；在生态流量计算时应考虑汛期和非汛期的不同水量需求，由于汛期生态基流一般都能得到满足，通常生态基流指非汛期生态基流，对于我国北方缺水地区则要关注汛期生态基流是否满足。

已发布的相关指南主要从生态流量的概念内涵和计算方面做出了规定和建议，尚存在一定不足，除年内不同时期或不同水期的差异外，还应根据不同流域、区域的生态环境特点和不同类型工程的特征开展差异化研究。

3.2.3 管理取得的成果及不足

(1) 管理取得的成果。

1) 生态流量管理要求日益提高。我国生态流量研究与管理实践起步较晚，2005年以前，未形成统一的生态流量管理规定，2005年以后，以《水电水利建设项目河道生态用水、低温水和过鱼设施环境影响评价技术指南（试行）》、《关于加强水电建设环境保护工作的通知》（环发〔2005〕13号）等文件为指导，以河道控制断面多年平均流量的10%作为生态流量审批的约束红线。随后，《关于进一步加强水电建设环境保护工作的通知》（环办〔2012〕4号）、《关于深化落实水电开发生态环境保护措施的通知》（环发〔2014〕65号）等文件，在流域水电开发的规划环境影响评价工作和水电建设项目的环境影响评价管理过程，提出加强落实生态流量保护措施的要求，不断完善下泄生态流量过程和泄放保障措施要求。

2) 生态流量管理内容不断完善。2005年，《指南》规定了生态流量计算方法和审批约束红线，对实践工作具有重要指导作用。环办〔2012〕4号和环发〔2014〕65号等文件发布后，生态流量管理内容不断完善，提出加强水电项目建设的全过程监管，对环境影响较大的水电建设项目，运行3～5年应组织开展环境影响后评价，对环评已批复、项目已核准（审批）的水电工程，经回顾性研究或环境影响后评价确定须补设或优化生态流量泄放措施，同时确定蓄水期及运行期生态流量专用泄放设施及保障措施，明确了生态流量过程和泄放方案，电网调度中应参照电站最小下泄生态流量进行生态调度，研究将生态流量纳入建立"绿色水电"指标体系和认证制度中。

(2) 管理存在的不足。尽管管理过程中制订了诸多规定，但管理实践过程中仍面临很多问题，尤其是涉及多部门交叉管理职责范围的内容，往往存在管理困难的问题。

1) 生态流量技术体系有待完善。生态流量计算方法需要根据不同区域实际情况确定参数，适用的计算方法也不相同，目前确定生态流量时不同区域存在一定随意性。如何科学量化各项参数、定量评价生态流量、规范评估依据，是生态流量管理亟须解决的问题。生态流量保障措施效果评价困难，生态流量计算方法缺乏对下游生态系统特征用水、特殊时期用水的考虑。未能将生态流量纳入到水资源开发与配置的总体布局考虑，生态流量泄放过程未能纳入常规水库调度规程中，未能建立生态流量保证率与生态库容的概念，难以保障特殊时段的下泄生态流量。

2）流域内保护措施实践存在不均衡。从行业看，以企业为主的水电行业建设单位，措施落实情况最好，而以相关政府部门为主的水利、交通航运等行业建设单位，受制于部门环保理念、财政资金等，措施落实相对较差；从时间上看，2005 年以后的项目环保措施要求得到加强，落实也相对较好，2005 年以前建设的项目保护措施要求较弱，尤其是 20 世纪八九十年代建设项目，基本没有相关要求，已经成为流域生态环境保护的短板；从项目规模上看，大型项目措施要求完善、落实较好，小型项目措施要求较少、落实较差。从具体措施上看，涉及地方政府职责的栖息地保护等措施，落实存在一定难度，而企业自身能够落实的其他措施，落实较好。

3）环保措施落实与监管不到位。从当前掌握的情况看，针对环保措施，建设期的监管薄弱，而运营期的监管基本处于空白，全过程的监管体系尚未建立。这就导致很多建设单位在建设期不按照环评要求进行设计和施工，或通过环保竣工验收后，运行期擅自停止环保措施的运营或弱化日常运营管理。大量项目由地方环保部门审批，河流分割管理导致难以形成整体保护体系，地方各级环保部门受限于地方政府，往往难以把控其所审批项目的环保要求等，难以形成整体保护体系和思路。

3.3 国外规定对我国管理的启示

（1）明确生态流量管理保护目标，制定生态流量管理指南。我国颁布了一些生态流量导则，如《水电水利建设项目河道生态用水、低温水和过鱼设施环境影响评价技术指南（试行）》、《河湖生态需水评估导则（试行）》（SL/Z 479—2010），这些导则主要规定了生态流量的概念内涵和推荐计算方法，未明确生态流量保护目标及对应的流量限值。由于不同工程保护目标区域性差异显著，缺乏生态流量的适应性管理考虑，生态流量管理实践过程中主观性、随意性的问题突出。

借鉴国外生态流量管理经验，在我国已有政策法规基础上，明确生态流量管理保护目标，识别全国统一管理的共性指标与区域特性指标，形成水利水电工程生态流量指标体系，建立生态流量指标数据库，完善生态流量评估过程；尽快制定我国生态流量管理指南，健全工程建设前生态流量红线标准，建立基于坝下河道生态系统敏感目标的工程运行期生态流量适应性管理制度，从政策法规层面规范生态流量管理。

（2）绘制生态流量分区约束红线，实施分区分类、差异化管理。目前我国现行生态流量管理要求主要以2006年颁布的《水电水利建设项目河道生态用水、低温水和过鱼设施环境影响评价技术指南（试行）》为依据，《指南》以多年平均流量10%作为生态流量约束红线，对不同区域自然条件差异性，不同工程开发方式、调控能力差异性以及年内不同时期水文过程差异性等方面考虑不足，导致坝下生态流量呈“一刀切”模式。

借鉴国外生态流量管理政策法规，根据我国不同区域生态环境特点，考虑坝下河段重要保护目标，绘制分区差异化生态流量约束红线，依据河流生态服务功能类型实施分区、分类管理。生态流量分类管理时，应充分考虑水利工程与水电工程差异性，引水式、堤坝式与混合式电站的差异性，区别调水工程与常规水电站生态流量的差异性。应考虑年内丰、平、枯水期的水文过程差异，重点考虑坝下重要水生生物产卵繁殖的水流条件需求，以生态流量过程约束代替生态流量阈值约束，将生态流量过程线纳入水库常规调度规程，在水利水电工程设计阶段，提出生态流量调节库容的要求。

（3）落实生态流量保障措施建设，完善河流生态监测体系。国内水利水电工程现有的生态流量泄放措施主要有闸门泄流、引水洞泄流、生态泄放孔/闸、生态小机组等方式。生态流量泄放措施多样，但实际运行中泄放效果缺乏跟踪监测，未形成有效的坝下河流生态监测体系，坝下河道生态环境状况与环境影响评价报告预测结果差距较大。

借鉴国外生态流量适应性管理方法，应逐步完成生态流量保障措施与生态流量监测体系建设。根据目前生态流量下泄方式，完善生态流量保障措施建设，如设置生态流量泄放设施，单独设置生态机组承担泄流任务，通过承担基荷发电任务下泄生态流量。加强生态流量监测措施建设，保障泄流水量与水质，如建立生态流量自动测报和远程传输系统，便于生态流量泄放调度管理和环保主管部门监督。同时，根据不同生态流量保护目标监测结果，优化调整泄水过程。

（4）制定生态流量适应性管理机制，建立补偿激励机制。我国已开展以生态调度为主的生态流量适应性管理探索研究，由于尚未建立生态调度补偿机制，生态调度实践主要依靠水电企业的积极性和环境影响评价批复的强制性措施，生态流量适应性管理在满足一定生态效益的同时，也会对常规水库调度规程及管理模式有一定影响。目前开展的生态调度多以应急调度为主，仅在长江、黄河等大江大河开展了以河流水生生物为主的生态调度实践，如为保护中华鲟和“四大家鱼”开展的三峡生态调度。

借鉴国外生态流量适应性管理机制（见表3.4），我国应尽快建立水库生态调度准则和生态补偿措施。采用生态流量适应性管理模式，建立多部门及利益相关者参与、协商和交流的平台，建立跨区域、跨部门、跨行业的河流生态环境监测系统，尽快完善以生态流量保护目标为主的河流生态系统监测与水库生态调度实践，通过不断开展水利水电工程的环境影响后评价调整生态流量。可以借鉴“绿色水电”认证标准将管理计划和生态目标有机结合，将绿色水电认证纳入我国目前环境影响评价制度，认证标准明确生态监测的数据要求，以生态要求补充并完善环境影响评价指标体系，增加提高下泄生态流量的补偿激励措施，如提高绿色认证水电站的上网电价，相对增加其发电收益，激励企业进行绿色认证的积极性，也促进了水电站对各种认证要求的积极落实。

表 3.4　　国外生态流量管理政策法规相关条款

国家/组织	政策法规/地区/组织	年份	条　款	内　容
美国	东南水生资源合作计划	2008	东南水生生态计划	维护、修复和保障淡水的水量、水质及河口和海洋栖息地健康发展，鱼类和水生生境的可持续发展
	生态流量委员会	2004	河道资源管理标准	所有河道必须预留最小生态流量，以保持水生生态系统能够自我修复到原有状态
	《可变流量标准》	—	P101	生态流量方案应当提供年内和年际模仿自然水位的流量过程线，以保持或修复生态系统，使其保持原有的自然河道特性
	美国渔业协会，南方组织	—	关于发展生态流量项目的决议	某些地区颁布的用 7Q10 方法计算出来的流量值作为维持水生生态稳定所需流量值是不合理的，该计算值通常小于河道的自然平均流量值，不能反映流量变化过程，也不能满足维持河道生态系统稳定所需流量
	美国大自然保护协会，南部淡水生态流量保护计划的目标	2007	—	修复和保持环境用水量以保护生物多样性、群体性，生态系统能否保持自然状态取决于该流域的河流、湖泊和湿地
	《低影响水电认证》	2014	低影响水电认证指南第二版	3.2.1 A 标准——生态流量规律

续表

国家/组织	政策法规/地区/组织	年份	条　款	内　　容
英国	《水法》	2014	第一部分　第一章供水许可和排水许可	3 需求限值
	《水资源法》	1991	C57	21. 最小可接受流量 22. 考虑最小可接受流量 23. 最小可接受流量或内陆水体积 40. 有义务将河道水流等列入考虑范围 55. 捕鱼权许可修正的申请 附录 5　关于最小流量说明的步骤
澳大利亚	《水资源法》	2007	第 3 部分 环境流量导则	12. 环境流量导则 13. 环境流量导则——作者序 14. 环境流量导则——讨论 15. 环境流量导则——意见
	《环境流量导则》(1999)	1999	特殊生态系统环境流量	供水系统，B类（Corin 大坝到 Bendora 大坝）
	《环境流量导则》(2006)	2006	2 环境流量确定	2.4 蓄水放水建筑物 2.5 生态流量增加
	《水法》	2007	3 流域水资源的市场交易目标和原则	3 流域水的市场交易目标
法国	《水法》	1992	—	第 8 条
	《环境法》	2006	第Ⅲ章　关于建筑物责任	L432—5
加拿大	《水法》	1985	第Ⅰ部分　综合水资源管理	4. 政府委员会建立等 7. 调查，数据收集和目录建立
	不列颠哥伦比亚	—	—	一级评价：哈特菲尔德（2003）概括性地描述了环境流量导则。 二级评价：路易斯（2004）提供了一个导则，即在更高精度上决定环境流量取值时变化的环境标准应作为其中一个程序

续表

国家/组织	政策法规/地区/组织	年份	条　　款	内　　　容
加拿大	亚伯达	—	—	一级评价：导则使用了 POF 和超标结合法，规定两者中的较大值： 1）不小于自然流量的 15%； 2）两者中自然流量的较小值，周流量或者月平均流量的 80%（基于可用的水文数据）。 二级评价：目前没有导则
	马尼托巴湖	2007	Tessman 准则	Tessman 准则建议最小流量值如下： 1）MMF，如果 MMF＜40% MAF； 2）40% of MAF，如果 40% MAF＜MMF＜100% MAF； 3）40% of MMF，如果 MMF＞MAF
	安大略湖	—	—	一级评价：最近意见已经考虑将 Q70 法作为目前存在珍稀物种的河道生态流量计算方法，同时在其他情况也考虑 Q70 方法； 二级评价：目前没有导则，且评价方法是由有环境流量需求的人选择
	魁北克	—	—	一级评价：已经有一种生态水文学方法被用来计算南部魁北克的河道最低流量
	大西洋四省	—	—	一级评价：在新不伦瑞克和爱德华王子岛，使用月平均流量的 70%。在新斯科舍，25%平均流量作为保护水生生物的最小流量； 二级评价：目前还没有准则；栖息地模拟方法已经被使用
	北冰洋西部	—	—	一级评价：2005 年，在 Territories 西北部，DFO 设置了冬季河道流量的准则，即不小于自然流量的 5%
瑞士	《瑞士水保护法》	1992	—	a. 为了维持人类和动植物的健康； b. 保障饮用水和其他用水的可持续； c. 保持本土动植物生境的完整； 保持适当水量维持鱼类数量
	《“绿色水电”认证标准》	2001	第Ⅲ部分　项目管理的目标和需求	9. 最小流量管理

续表

国家/组织	政策法规/地区/组织	年份	条　　款	内　　　容
保加利亚	《水法》	1999	第8章	116～119条
德国	《联邦水污染控制法》	2011	第Ⅲ章 标准和执行	303. 水质标准和实施计划 (d) 缺乏控制的区域划分；日最大承载量；定额污水
南非	《国家水法》	1988	第三章　水资源保护	第二部分：水资源分类和质量目标
欧盟	《水框架指令》	2000	—	第4章　环境目标 第7章　饮用水使用 第8章　地表水、地下水和保护区监测
日本	《河川法》	1997	—	第45章
瑞典	《瑞典环境法》	1999	—	第31章

第4章

国外河流生态流量研究实践

4.1 河流基本情况

河流筑坝开发、土地利用变化、气候变化以及不合理的水资源利用加剧了用水冲突，导致自然流动的河流越来越少[138]。研究表明，水资源不合理开发导致全球1/3的河流生态系统退化，水资源短缺影响了全球1/2的人口和3/4的耕地。水资源不合理开发导致的水文情势变化，引起河流生态系统结构与功能的变化，甚至严重退化。为保护水生态系统，有必要在水资源开发利用的前提下，确定维持河流生态健康的基本水文条件，联合国在2015年通过的《2030年可持续发展议程》，将实施生态流量作为实现可持续发展目标的重要措施之一[139]。中国自20世纪70年代开始探索研究生态流量，已有40多年的历史，最初是对国外理论方法体系的引进与应用，经过持续的研究与实践，基本建立了适用于中国河流特征的生态流量研究方法和管理框架。尽管生态流量研究与实践开展较早，但由于生态流量涉及目标和内容较多[140,141]，直到2007年，在澳大利亚布里斯班召开了"世界环境流大会"，才形成环境流量（environmental flows，e-flows）的统一认识，并在《布里斯班宣言》中明确了环境流量的定义和内涵。虽然中国许多管理规定使用"生态流量"（ecological flow），但其内涵基本与环境流量一致，制定生态流量标准的目的，在于实现水资源的社会经济价值与生态价值间的平衡[142]，自2006年《水电水利建设项目河道生态用水、低温水和过鱼设施环境影响评价技术指南（试行）》发布以来，从要求最小生态流量扩展到满足以鱼类为主的水生生物完成其生活史的流量过程要求，并不断强化了工程层面和流域层面的生态流量监管。

在河流生态流量保障方面，无论是发达国家还是发展中国家，都开展了较多的探索，积累了一定的经验[143,144]。与国外相比，中国河流生态流量管理实践还存在一些不足，在流域生态流量监管方面，已有的管理规定尚不能适应河流开发的快速发展格局，不同流域、区域的生态流量保障措施存在不均衡现象；在工程下泄生态流量监管方面，生态流量泄放措施、远程测报设施、监督技术手段等还存在一些技术短板，未能有效保障生态流量的实施，造成河流断流、水污染、水生态退化等问题。随着“十二五”和“十三五”期间大量水利水电工程的建设和运行，众多河流已经形成了梯级水库群的格局，未来生态流量关注的重点将从单一工程坝下减脱水河段的生态流量要求，转向梯级水库群联合调控下的流域干支流生态流量保障。此外，随着“最严格水资源管理制度”“河长制”“湖长制”等政策的实施，未来中国将逐渐形成多部门联合管理生态流量的新格局，在现有研究基础上，完善生态流量多部门协调管理的机制研究，需要借鉴国外典型河流的成功经验，指导我国的管理实践工作。

因此，本书选取了国外7条典型河流，涵盖了世界上主要大洲和生态流量实施效果较好的国家，通过分析典型河流生态流量实施过程、问题和效果，梳理了主要经验与不足，总结了典型河流实施生态流量的共性经验，可为河流的生态流量管理实践提供参考[145]。典型河流所在国家包括美国、英国等发达国家和印度、巴基斯坦等发展中国家，7条河流分别为美国的萨瓦纳河、澳大利亚的墨累-达令河、英国的肯尼特河、南非的鳄鱼河、墨西哥的圣佩德罗河、巴基斯坦的蓬奇河和印度的恒河（见表4.1）。这些河流的生态流量实践基本都是不断改善的过程，即最初并未充分考虑生态流量问题，随着社会、经济、生态的用水矛盾不断激化，不断考虑水资源优化配置和生态流量要求，部分国家还通过生态流量的适应性管理措施来不断改善生态流量过程。

表4.1　　国外典型河流基本信息

<table>
<tr><th>河　流</th><th>国家</th><th>主要用水目标</th><th>主要生态目标</th></tr>
<tr><td>萨瓦纳河　Savannah River</td><td>美国</td><td>洄游性鱼类、发电、景观</td><td>濒危鱼类</td></tr>
<tr><td>墨累-达令河
Murray - Darling Basin</td><td>澳大利亚</td><td>灌溉用水</td><td rowspan="2">维持河流连通性、重要湿地、原生植被、鸟类和鱼类水生动植物</td></tr>
<tr><td>肯尼特河　River Kennet</td><td>英国</td><td>地下水抽取</td></tr>
<tr><td>鳄鱼河　Crocodile River</td><td>南非</td><td>跨界水冲突、克鲁格国家公园生态用水、灌溉用水</td><td>克鲁格国家公园</td></tr>
<tr><td>圣佩德罗河
San Pedro River</td><td>墨西哥</td><td>重要湿地</td><td>重要湿地、红树林、鸟类、鱼类</td></tr>
<tr><td>蓬奇河　Poonch River</td><td>巴基斯坦</td><td>发电</td><td>印度鲃国家公园</td></tr>
<tr><td>恒河　Ganga River</td><td>印度</td><td>大壶节文化活动用水、灌溉用水</td><td>140多种鱼类、90种两栖类和5种特有鸟类</td></tr>
</table>

4.2 生态流量实施过程

4.2.1 萨瓦纳河

（1）背景。萨瓦纳河分布有100多种鱼类，其中有2种国家级珍稀濒危保护鱼类，分别为短吻鲟（*Acipenser brevirostrum*）和大西洋鲟（*Acipenser oxyrhynchus*）。河流筑坝后，水文情势发生变化，出现了河流水质下降、河漫滩湿地消失、洄游性鱼类减少、河口咸水入侵等问题。为减缓筑坝的生态环境影响，大自然保护协会（The Nature Conservancy，TNC）和美国陆军工程兵团（United States Army Corps of Engineers，USACE）于2002年联合开展了可持续河流计划（Sustainable River Plan，SRP），以包括萨瓦纳河在内的8条河流为试点，评估水资源管理效果和生态需水满足程度，2003年完成了萨瓦纳河的生态流量管理方案并开始实施。

（2）实施。由于缺乏历史监测资料，2003—2006年，萨瓦纳河连续4年开展了试验性调度，通过萨瓦纳河上游的哈特韦尔水库（Hartwell Dam）、拉塞尔水库（Russell Dam）和瑟蒙德水库（Thurmond Dam）联合调度，不断调整下泄生态流量，并对水质、水生生物等指标开展泄流效果监测。监测结果表明：试验性调度的效果并不明显，短吻鲟并没有洄游到上游的栖息地，但是调度对河口压咸有一定效果。随后，每年萨瓦纳河都开展生态调度，进一步研究表明，水温是短吻鲟产卵洄游的主要驱动因素。

（3）结果。通过萨瓦纳河的生态流量适应性管理，确定了春季持续的洪水脉冲可改善河流水位、促进鱼类通过闸坝，同时强调在生态流量实施过程中，应当注重水质和水量并重。

4.2.2 墨累-达令河

（1）背景。墨累-达令河流域整体的水资源状况及其开发利用程度与我国十分相似，都具有水资源短缺、竞争性用水矛盾突出、农业用水比重较大的特点。流域内修建了90多座大型水库，总库容295亿m^3，每年灌溉用水量100亿m^3左右，占用水总量的96%。流域内有3万多个湿地，其中11个被列入《拉姆萨尔公约》(Convention on Wetlands of Importance Especially as Waterfowl Habitat)，是澳大利亚生物多样性最丰富的区域。由于流域水污染、水生态退化问题比较突出，造成湿地不同程度的退化，为遏制流域生态系统的退化趋势，政府开始研究和实施可持续的水量分配政策。

（2）实施。墨累-达令河流域过去一直由流域所在各州政府管理，实施高度自治的水管理政策。20世纪90年代，流域管理委员会开展了实施生态调度的探索性研究，经过大约10年的研究实践，确定了实施生态调度的可行性方法[146]。2002年，澳大利亚政府和流域4个州共同启动了墨累河生命行动计划，目的是恢复河流生态系统健康。同时，政府还要求墨累-达令河流域委员会建立水市场，逐年实现节水目标从而改善生态环境。

2007年，澳大利亚政府颁布了《水法》（Water Act 2007），成立墨累-达令河流域管理局（Murray - Darling Basin Authority，MDBA）取代了流域管理委员会的职责，专门负责制定和实施“墨累-达令河流域规划”。规划主要有三大目标：一是保护和恢复流域水生态系统，二是保护和恢复河流生态系统服务功能，三是提高抗风险能力。规划的核心是：流域和子流域根据不同用水目标设定用水限额，保障生态环境用水。根据流域综合规划和流域生态环境战略规划，每年都要制定用水方案，根据来水条件的不同，适应性的分配水资源。流域初始设定的生态环境用水量为2750GL/年，后来提高到3200GL/年，主要生态保护目标是保障河流连通性、原生植被、水鸟和鱼类。

(3) 结果。《水法》保障了整个流域的生态环境用水管理机制，允许水权交易提高了水资源配置的灵活性，也实现了一定的环境效益和经济效益。

4.2.3 肯尼特河

(1) 背景。英国肯尼特河是泰晤士河最大的支流之一，河流上游生物多样性丰富，主要优势物种为水田鼠（*Arvicola amphibius*）、水毛茛（*Ranunculus aquatilis*）、欧洲七鳃鳗（*Lampetra fluviatilis*）和褐鳟（*Salmo trutta*）。肯尼特河的地下水水源补给方式以降雨补给为主，地下水开采后恢复较慢。英国环境署（Environment Agency，EA）和泰晤士水务公司（Thames Water）研究表明，丰水期抽取地下水可以满足河流生态流量要求，枯水期抽取地下水可使肯尼特河地表径流量减少35%，难以维持河流生态流量，影响水毛茛的生长。

(2) 实施。1990年，为保护肯尼特河的生态系统健康，当地成立了非政府组织——肯尼特河行动小组（Action for the River Kennet，ARK），并于1996年促成建立了肯尼特河取水许可制度，由环境署颁发取水许可证并负责监管。肯尼特河行动小组持续关注地下水抽取对河流生态环境的影响，促使环境署和泰晤士水务公司开展了肯尼特河生态-水文响应关系的深入研究。2000年，欧盟“水框架指令”（Water Framework Directive，WFD）要求所有成员国的河流都应达到“良好的生态状况”，促进了肯尼特河生态流量的实施。英国环境署作为实施欧盟“水框架指令”的监管机构，负责开展河流生态系统监测，监测项目包括鱼类、无脊椎动物和水环境指标等。

2000—2005年，英国环境署和泰晤士水务公司调查发现，肯尼特河地下水抽取导致夏季河流流量减少了10%～14%，枯水期减少35%～40%，亟须减少肯尼特河地下水的进一步抽取。2005—2010 年，英国环境署和泰晤士水务公司共同合作寻找肯尼特河地下水抽取的替代方案，经过详细研究后决定，在肯尼特河枯水期，不再抽取肯尼特河地下水，而由临近的法摩尔（Farmoor）水库向斯温登南部供水。

（3）结果。肯尼特河生态流量的实施，保障了枯水期的生态流量，是多个利益相关方共同合作协商的结果，对于协调各利益相关方关系、长效实施生态流量、保障肯尼特河的生态系统健康具有重要作用。

4.2.4 鳄鱼河

（1）背景。鳄鱼河位于南非克鲁格国家公园（Kruger National Park，KNP）上游，是南非、斯威士兰和莫桑比克跨界河流中开发度最高的河流之一，同时也是该流域缺水最严重的地区。河流上游的奎纳大坝（Kwena Dam）是该河唯一的大坝，对调节生态流量和灌溉用水具有重要作用。流域主要用水目标为农业灌溉和城市生活用水，水资源压力较大，河流管理必须考虑保障流入莫桑比克的流量和对克鲁格国家公园的保护，随着上游用水量的增加，下游包括国家公园在内的大部分地区旱情频发，用水冲突加剧。

（2）实施。由于鳄鱼河生态环境退化，南非水利部早在 20 世纪 80 年代就开始研究更好的水资源管理方案，并于 1998 年出台了“国家水法”，规定必须将一定数量和质量的水用于维持水生生态系统。“国家水法”的实施促成设立新的资源管理部门，负责处理水资源管理的新问题。2006 年，通过设立因科马蒂河-阿玛祖鲁流域管理局（Inkomati Usuthu Catchment Management Agency，IUCMA），负责实施根据“国家水法”制定的生态流量。水利部将水资源管理工作下放给流域管理局，同时根据流域管理局的建议制定用水许可。流域管理局负责监测评价鳄鱼河 6 个断面的生态流量满足程度，每 3 年进行一次河流健康监测，监测鱼类、无脊椎动物和河岸带生态环境[147]。

鳄鱼河生态流量实施最初是基于 BBM 法进行评估，后来逐渐发展了 DRIFT 法和栖息地流量-压力-响应法[148]。流域管理局在 2009 年制定“流域管理战略”时，认为需要在鳄鱼河建立水管理框架，确定了河流的三大目标，包括水资源综合适应性管理、改善水质和水质监测、改善社会用水不平衡问题。同时，由于莫桑比克政府施压，最终达成了一项关于生态流量的协定。

（3）结果。鳄鱼河生态流量的成功实施，缓解了下游多个用水目标的冲突，改善了克鲁格国家公园的生态环境退化，同时南非和莫桑比克的协议，改善了河流的水量分配矛盾。

4.2.5 圣佩德罗河

（1）背景。圣佩德罗河是世界上少有的未建大坝和其他阻隔的河流，河流下游是墨西哥最大的湿地红树林生物圈保护区（Marismas Nacionales Biosphere Reserve），也是《拉姆萨尔公约》的国际重要湿地。由于计划在河流上修建拉斯克鲁塞斯大坝（Las Cruces Dam）引起各界对该流域的广泛关注，不同利益相关方共同评估大坝建设运行可能产生的影响，下游湿地的生态用水需求是关注重点。

(2) 实施。2007年，国家水利委员会确定了生态流量实施的技术方法和程序，首先采用自然流态范式和生物梯度的方法确定生态流量，通过颁发用水许可证指导未来水利基础设施建设。2011年，国家水利委员会根据《水法》的规定，确定了189个生物多样性丰富、保护价值较高、可用水资源量丰富和用水竞争较小的流域，作为水资源保护区。2012年，通过美洲开发银行(Interamerican Development Bank，IDB)资助，墨西哥开始编制并实施全国水资源保护计划（National Water Reserves Programme，NWRP)，旨在建立国家水资源储备体系、保障流域水循环及其提供的生态系统服务功能、建立一个综合的全国水生态保护体系，通过规定生态流量的阈值和配置方案，在全国范围内实施生态流量。

圣佩德罗河是最初的6个试点之一，通过生态流量的成本效益分析，确定了年径流量的80%用于保障湿地生态用水。2014年9月15日，墨西哥总统签署了第一个水资源储备法令，涵盖了圣佩德罗河在内的11个流域，明确了各流域的生产生活、发电和生态用水量。2016年，国家水利委员会在最初189个流域的基础上，又增加了167个保护区，墨西哥的水资源保护区总数达到了356个。

(3) 结果。拉斯克鲁塞斯大坝的建设提议引起了多个利益相关方的关注，促成了在环境水资源储备法令中规定各流域的生态用水量。

4.2.6 蓬奇河

(1) 背景。蓬奇河为杰赫勒姆河左岸支流，发源于比尔本贾尔岭西侧丘陵，穿过蓬奇河印度鲃国家公园（Poonch River Mahaseer National Park），最终流入曼格拉水库。蓬奇河径流补给主要为融雪和降雨，径流主要集中在夏季，鱼类多样性丰富，包括两种珍稀濒危保护鱼类。曼格拉大坝上游50km规划的古尔普尔水电站（Gulpur Hydropower Project，Gulpur HPP）位于国家公园内，由于环境和社会影响评估（Environmental and Social Impact Assessment，ESIA）及项目审批过程缺乏生态流量的评估内容和国际投资机构的参与，因此国际机构要求考虑生态流量并重新评估其环境影响，以减缓对国家公园和珍稀濒危保护鱼类及其重要栖息地的影响，例如，印度鲃（*Tor putitora*）和克什米尔鲶鱼（*Glyptothorax kashimirensis*）。

(2) 实施。亚洲开发银行（Asian Development Bank，ADB）和国际金融

公司（International Finance Commission，IFC）的环境保护法规非常严格，要求古尔普尔水电站进行生态流量评估。

通过多个利益相关方的参与，项目开发商与咨询公司最终采用DRIFT法评估生态流量，同时优化了项目设计，包括：①缩短导流距离，从6km减少到不到1km，确定了最小下泄生态流量为$4m^3/s$；②将设计水轮机变更为转桨式水轮机，可提高低流量条件下运行的灵活性。此外，还设计了一定的生态补偿措施，制定生物多样性行动计划，为国家公园的生态系统保护提供了资金保障，包括为野生动植物保护服务提供永久性基金，销售该项目产生的电力实施“生物多样性行动计划”，建立鱼类增殖放流站保护下游河段鱼类的物种多样性。

（3）结果。国际投资机构严格的环境标准，在发展中国家的资源可持续开发方面发挥了关键作用。国际金融公司和亚洲银行严格的环境标准是古尔普尔水电站项目重新评估和环境保护措施设计变更的主要因素。评价结果认为，古尔普尔水电站是促进该地区生态可持续发展的项目，为该地区未来水电开发奠定了基础。

4.2.7 恒河

（1）背景。恒河起源于喜马拉雅山中部的印度北甘戈特里冰川，注入孟加拉湾，河长2500km，流域面积约100万km^2。恒河生态系统健康状况在过去几十年里持续退化，亟须恢复河流水生态系统，以维持流域社会、经济和生态的可持续发展。由于恒河流经尼泊尔、印度、中国和孟加拉国，4个国家都受到国际公约对生态流量的约束。恒河流域的农业灌溉用水和文化用水意义重大，印度和孟加拉国的农业灌溉取水导致恒河上游部分地区流量偏低。同时，恒河的圣水沐浴节“大壶节”（Kumbh Mela）是印度教每12年一次最重要的活动，也是世界上参加人数最多的节日之一，具有巨大的社会文化意义。为保障该活动顺利进行，印度政府要求严格保障恒河的水位和流量。

（2）实施。印度北方邦灌溉和水资源部门（Uttar Pradesh Irrigation and Water Resource Department，UPI&WRD）具有管理北方邦内的河流、维持灌溉系统、管理社会文化活动用水等任务。2013年，大壶节活动吸引了8000多万人，为保障活动顺利开展，北方邦政府联合流域利益相关方于2012年基于BBM法共同评估了生态流量，评估结果促进了对生态流量多学科交叉研究的思考，评估确定了在大壶节活动期间推荐的生态流量为$225m^3/s$，相当于安拉阿巴德（Allahabad）1.2m的岸边水深，在特殊的沐浴日期为$310m^3/s$，相当于1.5m的岸边水深。活动期间需通过特赫里水库（Tehri Dam）泄放生态流量，满足活动用水。同时，通过下游灌溉引水渠的改造，避免灌溉用水和活动用水的竞争。

（3）结果。恒河的生态流量强调社会文化功能用水，在实施过程中通过激励利益相关方（政府、用户、发电企业、非政府组织）的共同合作，保障了生态流量的成功实施。

4.3 生态流量实施效果

7条河流生态流量实施的背景和过程虽然存在差异，但基本上都是通过流域水工程调控优化生态流量过程，保障河流生态系统健康。总体来看，生态流量的实施效果较好，基本达到甚至超出了计划的目标。在具体实施效果方面（见表4.2），萨瓦纳河和圣佩德罗河通过实施生态流量，推动和促进了国家生态流量相关保护计划的实施，萨瓦纳河的生态流量实施扩大了国家可持续河流计划的规模，将实施生态流量的河流提高到14条，工程数量提高到60多个大坝，圣佩德罗河的生态流量实施促进全国水资源保护计划目标被纳入了国家发展计划和国家应对气候变化计划中；墨累-达令河、鳄鱼河通过实施生态流量促进了流域整体健康水平的提高，在推动流域生态环境监测方面也有一定效果；肯尼特河和蓬奇河通过实施生态流量促进了流域生态系统恢复，蓬奇河的生态流量实施对工程设计优化和改进具有一定效果。恒河通过实施生态流量保障了大壶节活动期间的用水量和水位，是少有的考虑生态流量社会文化功能的案例，对于重新认识生态流量理论方法具有重要作用。

表4.2　典型河流生态流量实施内容及效果

河流	内　容	效　果
萨瓦纳河	综合考虑洄游性鱼类、河道、河漫滩和河口生态的需求，针对丰、平、枯3个水平年，分别提出了3种水流组分（低流量、高流量和洪水）的大小、频率、持续时间、出现时间和变化率	工程层面通过适应性管理不断调整下泄生态流量。管理层面通过推进可持续河流计划，由最初的8条扩展到14条河流和60多个大坝
墨累-达令河	通过设立墨累-达令河流域管理局，设立生态用水配额和水权交易机制，保障河流连通性、原生植被、水鸟和鱼类的生态用水需求	促进了流域健康水平的提高，湿地生态、鱼类种群、鸟类繁殖和河口水质有较大改善，流域生态系统整体的健康状况尚需通过生态流量实施的生态效果监测进一步验证
肯尼特河	环境署负责监测流量变化和生态状况，在河流枯水期减少地下水抽取，通过法摩尔水库在河流枯水期供水，保障肯尼特河生态流量	河流生态环境有所恢复，生态流量实施正在向既定目标实现

续表

河流	内　容	效　果
鳄鱼河	设立因科马蒂河-阿玛祖鲁流域管理局，实施根据“国家水法”制定的生态流量。通过流量监测，基于 BBM 法、DRIFT 法和栖息地流量-压力-响应法评估生态流量	鳄鱼河生态状况有所改善，尽管水量方面较好，但水质改善情况较差，生物指数没有明显改善；由于农业部门、林业部门等参与，改进了监测和适应性管理
圣佩德罗河	全国水资源保护计划规定了生态流量的阈值和配置。通过社会、经济和生态的成本效益分析，确定了年径流量的 80%用于保障湿地生态用水	为其他流域的实施奠定了基础，全国水资源保护计划目标被纳入了国家发展计划和国家应对气候变化计划中
蓬奇河	采用 DRIFT 法评估生态流量，同时优化了项目设计，缩短了引水导流间距，从 6km 减少到不到 1km	生态流量实施后，环境、社会和经济均有一定改善。鱼类资源有所恢复，通过缩短引水导流间距，减少了移民数量和对生态环境的破坏
恒河	基于 BBM 法评估生态流量，确定了在大壶节活动期间推荐的生态流量 $225m^3/s$，和特殊沐浴期的生态流量 $310m^3/s$	通过调整灌溉系统运行方式，减少灌溉取水量以及干支流水量的共同调节，保障了大壶节活动期间的用水量和水位

4.4 生态流量实施经验

4.4.1 成功经验及问题

7 条典型河流的生态流量成功经验可为中国提供一些参考，但是其在研究、管理和实践等方面还存在一些问题和不足，需要进一步完善（见表 4.3）。核心的成功经验包括：萨瓦纳河通过生态流量改善了水资源管理，促进了联邦机构、国际非政府组织的合作，建立了州和地方的利益相关方实施生态流量的适应性管理方式。墨累-达令河采取立法变革把土地和水权分开；提前建立水资源分配上限。肯尼特河通过监管机构与水务公司合作恢复生态流量；利用可靠的数据资料，研究针对性的解决方案。鳄鱼河通过各利益相关方合作建立生态流量保护指导方针；共同开发长期战略合作，以确保可持续发展，应对气候变化的影响。圣佩德罗河在生态流量确定和实施的过程中，通过多个利益相关方参与流量评估及改善，由水利部门确定具体流量。蓬奇河利用国际资助机构在发展中国家可持续资源开发中的关键作用，制定严格的环境标准。完善法律框架是维护生态流量的重要保障。基于健全的技术和综合的、全面的生态流量评估方法，评估不同发展模式对环境的影响，同时也允许对社会、文化和经济因素进行评估，在规划阶段综合考虑环境、社会和经济因素，确保在环境保护的基础上，通过开发者、监管者、资助机构等利益相关方之间的协作来实现综合效益最大化。恒河在短期内成功地实施生态流量控制在于合理利用重要社会文化事件激发不同利益相关方的关注，但是从长期来看，生态流量实施必须获得政府支持及利益相关方的认可。

7条典型河流的生态流量实施仍待解决的问题和不足主要分为3种类型，包括生态流量实施的资金、生态流量实施的效果评估以及有效的生态流量管理。生态流量的实施是一个长期的过程，问题的解决也需要开展长期的适应性管理逐步解决。生态流量实施的资金问题一般可通过建立生态补偿措施解决；建立工程下泄生态流量与下游保护目标的生态-水文响应关系是评估生态流量实施效果的基础，但这方面目前仍处于研究阶段，无论是措施运行与初始设计目标的相符性，还是下泄生态流量的满足程度，都难以根本解决生态保护目标的用水需求，需要通过开展水库生态调度实践评估生态保护目标对水流变化的响应，适时优化生态流量泄放过程。不同国家的水管理部门及其职责存在较大差异，目前，较为统一的认识是建立流域综合管理的方式，例如，建立流域综合管理局或建立各利益相关方的协商机制，相关管理机构以流域为对象进行综合管理，建立数据共享的生态环境监测体系，保障生态流量的实施。

表4.3　典型河流生态流量实施的成功经验和问题

河流	成功经验	存在的问题
萨瓦纳河	（1）多方合作开展生态流量实践； （2）生态流量定量化管理（大小、频率和持续时间等）； （3）生态流量适应性管理与实施效果监测； （4）加强水库管理人员的参与	（1）生态流量初期实施的资金较少； （2）监测和适应性管理需要较长的周期； （3）生态流量实施的效果评估缺乏量化方法； （4）陆军工程兵团通常2～4年更换领导者，随着人员的变化，需要重新补充生态流量实施人员
墨累-达令河	（1）建立水权交易机制，创建自由水市场； （2）合理设置水权分配总量上限； （3）制定明确的生态流量保障目标； （4）研究、管理与实践相结合； （5）加强社区参与程度； （6）制定完善的生态流量保障机制与立法	（1）最初的水权和土地权是绑定的； （2）由于水权的固有属性，最初的水权交易机制确定存在难度； （3）生态流量实施效果评价比较困难； （4）现有闸坝的运行调度衔接存在一定难度

续表

河流	成功经验	存在的问题
肯尼特河	（1）建立取用水、流量变化与生态效应的联系； （2）建立监管机构、实施机构和利益相关方在生态流量恢复的共同参与； （3）完善的长效资助机制和资金支持； （4）减少主管部门之间的利益冲突和职能交叉	（1）确定地下水抽取和河流流量变化及其生态响应之间的关系存在一定难度； （2）减少泰晤士水务公司的取水限额需要相应补偿资金，建立补偿机制困难
鳄鱼河	（1）明确界定管理机构的责任； （2）充分的利益相关方参与，共同确定生态流量目标； （3）开展生态流量实施的效果监测，评估目标恢复和改善情况； （4）结合已有监测设施建立统一的信息管理系统，如水文站网、气象站网等； （5）实施生态流量适应性管理，基于监测结果改进流量泄放过程； （6）制定可持续管理体系和流量保障措施，满足跨界河流系统需求	（1）南非和莫桑比克政府机构水资源部门和流域管理机构之间管理职能不明确； （2）克鲁格国家公园生态用水与灌溉用水之间存在冲突； （3）缺乏生态流量实时监测和管理的决策支持系统
圣佩德罗河	（1）较早确定生态流量，保障生态用水红线和可持续的水资源利用； （2）以特定流域生态环境状况为参考，确定生态流量实施原则和目的； （3）基于已有标准制定生态流量评估方法，降低实施难度； （4）水资源分配机构具有生态流量实施的有利条件； （5）建立生态流量网络，保证利益相关方了解各自的责任和义务	（1）初始水权分配缺乏科学依据； （2）国家水资源保护计划实施资金匮乏，尤其是在生态流量实施效果监测资金
蓬奇河	（1）综合评估生态流量，开展不同情景（社会、经济和文化等）的影响评估； （2）国际投资机构采用严格的环境保护标准保障生态流量和项目可持续性； （3）规划阶段充分考虑最优的规划设计方案； （4）结合区域生态环境特征合理确定生态流量的实施方案	（1）巴基斯坦能源短缺是生态流量实施的主要障碍，电力机构不愿妥协发电效益； （2）政府、公众或非政府组织普遍缺乏对生态流量的认识； （3）机构职能交叉是生态流量实施的主要问题，实施过程中明确机构职能后，必须维持机构职能的持续性，以简化未来的决策

续表

河流	成功经验	存在的问题
恒河	（1）可以短期实施生态流量，以满足特殊文化活动的需求； （2）开展生态流量实施效果评估，明确对其他用水目标的影响和减缓措施； （3）提前规划设计生态流量实施方案和监测方案，开展适应性管理； （4）多方合作共同确定生态流量	（1）实施生态流量需要长效的保障机制，缺乏政治意愿是长期实施的关键障碍； （2）短时间内提高灌溉用水效率存在难度

4.4.2 管理实践的启示

河流生态流量涉及研究、管理与实践等多项内容，需要政府部门、管理部门、水电企业、研究机构、非政府组织等多个利益相关方的共同参与。从7条典型河流的生态流量实施经验分析，中国可从以下方面完善生态流量的管理实践。

（1）政府部门。制定明确的法律法规，为规范水资源的使用、分配和许可证等制定执行依据，明确生态流量是保护生态系统服务功能的前提，也是水工程规划设计和管理的核心内容，设定河流水资源利用红线和工程下泄生态流量约束红线，建立全国流域生态环境保护规划。考虑河流生态流量实施的保障措施和资金支持，进一步完善保障生态流量的生态补偿措施，从类型多样、标准未统一的补偿措施，逐渐探索建立更加高效的补偿措施。

（2）管理部门。根据现有政策，分阶段、分区域、分类型地实施生态流量整改。尽可能全面考虑生态用水目标，针对不同流域和区域、同一河流不同河段的差异，设计切实可行的生态流量实施方案。对一些建设年代较早、未考虑生态流量的工程，通过以新带老的设备改造增加生态流量泄放设施，充分考虑生态流量设计保证率、生态流量保障的工程措施和非工程措施，结合可持续水电评价、绿色水电评价、环境影响后评价等，通过适应性管理适时优化生态流量泄放过程。

（3）水电企业。加强生态流量适应性管理研究和管理的参与程度，加大生态流量研究的资金投入，适时开展环境影响后评价工作，以工程下游重要生态环境保护目标为对象，开展或委托开展下游水生生态系统监测，建立电站下泄流量过程与下游水生生态系统的响应关系，计算并确定优化下泄生态流量的发电损失及其生态效益，为优化生态补偿措施提供依据。

（4）研究机构。在生态流量的概念内涵中充分考虑多种生态要素与社会经济要素，研究通过实施生态流量实现可持续发展目标的方法，开展基于水文学、地理学、地貌学、生态学、社会学和经济学等多学科交叉的生态流量研究，探索生态流量与生态目标的等效关系，通过定量的水文变化与生态响应关系评估生态流量；开展生态流量监测设施的设计方法和数据收集、存储、管理和分析系统，提高生态流量监测效果。

（5）非政府组织。推动不同国家采取具体措施和行动开展生态流量实践，借鉴已成功实施生态流量的先进经验，推动欠发达地区生态流量的实施和资金募集，推动国际专家在生态流量评估和实施中的参与程度，推动生态流量实施的适应性管理和生态监测网络建设，加强对工程下泄生态流量的监督作用，建立与政府、管理部门和研究机构的长效沟通及合作机制，加强环境保护宣传与教育，推动水电企业对环境保护基金投入和对生态流量的重视程度。

目前，中国生态流量的实施在工程层面已经不断完善，小水电改造的生态电价补偿逐渐提高了生态流量保障情况，但是流域层面的生态流量管理还未形成系统、具体的实施措施。结合中国生态流量的实施情况，研究认为应加强政府部门在生态流量实施过程中的主导作用，建立水利部门主导的生态环境、农村农业、能源等多个部门共同参与的生态流量管理方式，“最严格的水资源管理制度”已确定了水资源开发利用控制红线，但生态流量约束红线未能随着生态环境保护要求的提高而提升，已不能满足当前管理实践的需求，未来在保障生态流量方面，应重点加强全国流域生态环境保护规划、生态流量的补偿措施等研究内容。

第 5 章

河流生态流量差异化评估方法

5.1 河流生态流量研究尺度

5.1.1 河流生态流量的时空尺度

河流生态流量研究包含多个时空尺度的内容，具有时空差异性的特征。从内容分析，河道内应维持的生态流量和水库大坝工程应下泄的生态流量是研究重点关注的两项内容。河道内应维持的生态流量是生态需水研究体系的组成部分，需要综合考虑不同区域气候特征、地理特征、径流条件等要素；水库大坝工程应下泄的生态流量是从工程调控角度，结合工程特性和坝下河段敏感生态保护目标需求，分析确定的下泄生态流量过程。

河流生态流量研究的时间尺度与空间尺度，是影响生态流量评估结果的主要原因之一。由于不同流域、区域自然条件与生态状况的差异，生态流量研究方法、计算参数与应用标准等呈现显著的不同。对于不同流域、区域的河流，应当制定相应的生态流量评估准则[149,150]。Richter 等在研究河流生态流量时提出了“适应性管理（Adaptive Management)”的理念，实质就是根据不同河流、同一条河流的不同河段以及不同下泄流量的生态响应而确定适宜的流量标准[151]。这种适宜性还体现在研究方法与计算参数的选择上，例如，Tennant 法仅适用于北温带河流生态系统，而不宜应用于其他地区，以曼宁公式为基础的 R2Cross 法在确定计算参数时，需要综合考虑河流几何形态所决定的水深、河宽、流速等因素，并结合河流断面的实地调查共同确定。

(1) 空间尺度。河流生态流量是维持水资源-生态环境-社会经济复合系统可持续发展的保障[152]，只有复合系统中的水资源、生态环境和社会经济子系统结构合理，才能实现河流生态流量整体功能的最优，然而这个系统受到社会经济、生态环境状况、水资源状况等多个因素影响，处于不断变化的状态。

河流生态流量主要受径流形成条件的影响，降雨及流域下垫面条件是影响径流形成的主要因素，确定生态流量时应重点考虑河川径流区域特征，同时考虑河流生态系统空间结构单元和划分方式。根据不同学者的研究成果，一般可以从宏观尺度上将河流生态流量研究划分为流域尺度、河流廊道尺度、河段尺度（见表5.1）。

表5.1　河流生态流量研究的空间尺度

<table>
<tr><th rowspan="3">来　源</th><th colspan="12">空　间　尺　度</th></tr>
<tr><th colspan="2">10^{3}～10^{4}m</th><th>10^{2}～10^{3}m</th><th colspan="2">10^{1}～10^{2}m</th><th colspan="2">10^{0}～10^{1}m</th><th colspan="2">10^{-1}～10^{0}m</th><th colspan="3">10^{-2}～10^{-1}m</th></tr>
<tr><th colspan="2">流域</th><th>廊道</th><th colspan="2">河段</th><th colspan="4">中观</th><th colspan="3">微观</th></tr>
<tr><td>Frissell et al.（1986）</td><td colspan="2">河流系统</td><td>廊道系统</td><td colspan="2">河段系统</td><td colspan="4">滩涂系统</td><td colspan="3">微观栖息地系统</td></tr>
<tr><td>Maddock and Bird（1996）</td><td>流域</td><td>类型</td><td>分区</td><td colspan="2">河段</td><td colspan="2">点</td><td colspan="2">断面</td><td colspan="3">斑块</td></tr>
<tr><td>Muhar（1996）</td><td colspan="2">河流系统</td><td>河流廊道</td><td colspan="2">河段</td><td colspan="4">宏观栖息地</td><td colspan="3">微观栖息地</td></tr>
<tr><td>Rowntree（1996）</td><td>流域</td><td>分区</td><td>河流廊道</td><td colspan="2">河段</td><td colspan="2">空间单元</td><td colspan="2">群落生境</td><td colspan="3">—</td></tr>
<tr><td>Cohen et al.（1998）</td><td colspan="2">流域</td><td>—</td><td colspan="2">—</td><td colspan="4">中观栖息地</td><td colspan="3">—</td></tr>
<tr><td>Habersack（2000）</td><td colspan="2">流域</td><td colspan="3">断面</td><td colspan="2">局部区域</td><td colspan="5">点</td></tr>
<tr><td>Newson（2000）</td><td>流域</td><td>子流域</td><td>河流廊道</td><td>河段</td><td>点</td><td colspan="2">空间单元</td><td colspan="2">断面</td><td>群落生境</td><td>细胞</td><td>斑块</td></tr>
<tr><td>Thomson et al.（2001）</td><td>流域</td><td>景观单元</td><td>景观单元</td><td colspan="2">河段类型</td><td colspan="2">地貌单元</td><td colspan="2">水力单元</td><td colspan="3">—</td></tr>
<tr><td>Thoms and Parsons（2002）</td><td>流域</td><td>分区</td><td>功能区</td><td colspan="2">河段</td><td colspan="2">功能河段设定</td><td colspan="2">功能单元</td><td colspan="3">微观栖息地</td></tr>
<tr><td>Fisheret et al.（2007）</td><td colspan="2">流域</td><td>河流廊道</td><td colspan="2">河段</td><td colspan="4">河道子单元</td><td colspan="3">—</td></tr>
<tr><td rowspan="2">Zavadil（2009）</td><td rowspan="2">流域</td><td rowspan="2">分区</td><td>河流廊道</td><td rowspan="2" colspan="2">河段</td><td rowspan="2">空间单元</td><td rowspan="2" colspan="2">地貌生境</td><td rowspan="2">群落生境</td><td rowspan="2" colspan="3">点/斑块</td></tr>
<tr><td>廊道亚区</td></tr>
</table>

考虑到河流生态系统完整性，评估生态流量时可按照流域—子流域—河流廊道—河段—栖息地的原则逐级缩小研究尺度，从微观尺度向宏观尺度逐级确

定，以河段作为分区定量评估生态流量的基本空间单元，大多数河段都包括以下三个主要部分。

1）河道。一个至少在一年中的某个时段有流水的渠道。

2）河漫滩。一个在河道一侧或两侧的多变区域，该区域在一年中的某个时段经常或偶尔被洪水淹没。

3）过渡性的高地边缘。河漫滩一侧或两侧高地的一部分，它充当河漫滩和周围景观的过渡带或边缘。

这三部分的组合在景观中发挥着动态的通道作用，在一定的时空范围内，水和其他物质、能量及生物体在其中相遇并相互作用，提供维持生命必不可少的重要功能，例如维持鱼类栖息地的功能。

（2）时间尺度。河流生态流量研究的时间尺度主要体现在两个方面：一是年际、年内径流分布的不均匀性，尤其是年内汛期与非汛期的差异；二是有无重要水生生物保护目标，及其生活史不同时期流量过程需求的差异，例如鱼类产卵繁殖期的流量需求。

对于年际、年内径流分布的不均匀性，可以用径流过程表示，绝大多数河流的径流过程变化以年为周期，径流过程在一年中的变化可分为汛期和非汛期。汛期河道水系通常集中了60%～80%或更多的年径流量，但时间短促，常常是3个月左右或者更短。非汛期持续时间长，但径流量所占比例小。我国北方地区河流具有明显的季节变化，全年60%～70%的径流量在汛期，充分利用汛期水量有利于提高水资源的利用效率，特别是对于水资源短缺的地区；冬季长而寒冷，以降雪为主，积累在流域地表的雪在春季转暖时，逐渐融化补给河流，形成春汛。我国季节性河流主要分布在秦岭、淮河以北，西北内陆山区以及青藏高原。东北地区的东部，纬度较高，距海较近，积雪期5个月以上，积雪厚度达40～50cm，形成的春汛可占河流年径流总量的10%～15%，是中国季节性冰雪融水补给量比重较大的地区。季节性冰雪融水补给发生的时间也随纬度和海拔高度而推迟。华北地区发生在初春，历时较短；东北北部发生于晚春，历时较长；西北和青藏高原一般发生在夏季。

有无水重要水生生物保护目标的河段对生态流量过程要求不同，主要表现为不同水生生物在繁殖期的需求差异，不同流域、区域河流水生生物的繁殖期有所差异，基本与河流水情变化一致，生态系统随河流水情变化呈现不同变化，表现出显著的季节性特点。河流春夏间的涨水时段是水生生物的繁殖期；河流洪水期是水生生物的生长期，不仅输沙造床，还可对下游湿地、河口进行生态补水；河流冬季的枯水季节是水生生物的休眠期，对水量要求最低。

5.1.2 河流大坝下游减脱水成因

除了河流生态流量的时空尺度之外，水库大坝工程及工程类型也是河流生态流量评估应当考虑的重要内容，尤其是大坝下游减脱水河段的生态流量需求。水库大坝工程对河流生态的影响主要是由于大坝建设和运行引起的，引水式与混合式开发都可能影响河流的流量、流速、水深等，导致河流水文情势发生较大变化，不同类型电站对水文情势的影响差异较大，可能导致大坝下游部分河段发生一定程度的减脱水情况。

工程在施工期和运行期均有可能出现大坝下游河段减脱水现象。在水库初期蓄水阶段，水库蓄水可能导致下游河道的来水量减少，甚至发生断流，尤其是一些库容较大、调节性能较好的工程，其蓄水期相对较长，产生的影响也相对较大。运行期出现减脱水主要有两种情况：调峰运行和引水。调峰电站将作为电力系统的调峰电源，在一天的部分时段内运行发电，以满足电力的高峰时段需求，其他时段将关闭机组蓄存水能。因此，调峰电站在其不调峰期间，不会通过其发电系统放流，如果其下游无反调节电站，将造成下游河段减脱水。另外一种情况是引水式电站引水发电，水库中的水将通过进入远离大坝的下游厂房发电放流，造成厂坝间形成减脱水河段。若不采取泄流措施，厂坝之间的河段将处于干涸状态，大坝下游河道水生生态系统将受到严重破坏。

支流河流作为大坝下游河道生态补水来源，目前也经常因为小水电的开发而逐步失去补充干流生态用水的功能，小水电下泄生态流量的评估和保障也是今后研究的重点内容[153]。

5.2 生态流量分类评估方法

5.2.1 分类评估框架

研究表明，全球正在运行的水库大坝（坝高 15m 以上）约 5 万座，规模更小的水库大坝数百万个[154]，各国为实现“巴黎协定”规定的减排目标所需要的稳定、清洁和经济的电力能源增加，人口增长带来的电力需求普遍增长和水资源短缺等问题，进一步增加了水库大坝工程建设需求。为兑现应对气候变化的承诺，到 2050 年全球水电装机容量将增加至 2000GW，未来大坝数量和规模仍将持续增加[155,156]。水库大坝在发挥巨大社会、经济效益的同时也影响了河流生态环境，自 20 世纪中叶至今，筑坝开发显著改变了全球的自然河流生态系统[157]，造成淡水生态系统生物多样性下降、鱼类资源量下降和漫滩湿地退化等问题[110,158,159]。在水库大坝工程开发时，通常设计相应的生态环境保护措施，例如下泄生态流量、修建过鱼设施、开展鱼类栖息地保护[160,161]，同时在受影响河段开展生态修复措施。尽管河流筑坝后难以恢复到天然水流状态，但是通过控制水库大坝泄流过程模拟自然水流，可恢复水生生物完成生活史的流量过程，保障受影响区域的河流生态系统健康[162]。生态流量评估的整体法中，水文变化的生态限度法（ELOHA）通过定义生态水文条件相似的河流类型，预测水文情势变化的响应关系，建立了区域尺度的生态流量标准，代表了生态流量评估研究的最新成果，已在美国、澳大利亚、中国和南美洲的多个流域应用[163]，下泄生态流量和生态调度相结合的梯级水库运行调度方式，已成为筑坝河流生态系统保护与修复的重要手段[164]。

目前，世界上大多数筑坝河流的环境保护措施仍然有限，有些甚至未采取环境保护措施，监测数据匮乏限制了生态流量评估方法的全面实施，是目前研究与管理实践的主要难点问题[4,165]。尽管根据数据情况适时的开展生态流量评估十分必要，例如美国通过发放大坝许可证和开展各种国家计划，建立了综合策略来改善筑坝河流的生态流量[166,167]，但是其实施过程的时间周期较长，难以适用于我国当前快速发展的河流开发现状。河流生态流量区划的分区管理方案可为河流生态流量的评估与管理提供一定基础，但是不足以解决水库大坝工程下泄生态流量管理的根本难题[136,168]。综合国内外研究与管理实践，下泄生态流量评估需考虑水资源管理、生态环境保护、发电效益等多种因素，考虑不同工程的功能差异性、对敏感目标的影响程度及调度补偿等指标，同时尽可能筛选关键指标，简化管理实施的指标体系，才能更加科学地确定可操作性的管理方案。

本书从分类评估框架、分类指标体系和分类结果排序 3 个方面构建了适用于我国水库大坝工程生态流量泄放管理的分类评估方法。研究通过对水库大坝工程的基础数据分析，筛选识别需要下泄生态流量和优化流量过程的工程，并进行紧迫性排序，确定保障工程泄放生态流量的优先顺序。基于工程属性、水文情势和水生生物 3 个层次的指标，建立水库大坝工程生态流量分类指标体系，主要包括水库大坝工程的工程属性、筑坝对河流水文情势的影响和筑坝对河流水生生物的影响。通过分析工程影响的水文和生态指标，开展宏观尺度的生态流量管理需求评估，分析影响生态流量调控的工程关键指标、工程运行前后水文和生态指标，对水库大坝工程进行系统分类，筛选需要优化生态流量的工程。水库大坝工程下泄生态流量分类评估框架见图 5.1。

首先，分析水库大坝工程开发方式和开发目标。根据调节性能选择具有调控下泄生态流量能力的工程，判别标准为工程对流量的调控能力，以库容和库容调节系数为量化指标。

其次，分析筑坝对河流水文情势的影响。根据坝下水文站实测数据分析选择对河流水文情势影响较大的工程，判别标准为筑坝前后实测流量的变化程度，以月平均流量变化程度、最大 1 天流量变化程度、年平均流量变化程度为量化指标。

再次，分析筑坝对河流水生生物的影响。筑坝和水库运行都会影响河流水

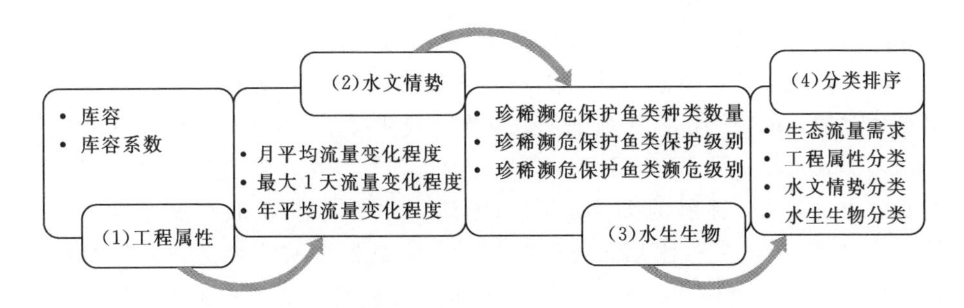

图 5.1 水库大坝工程下泄生态流量分类评估框架

生生物的生活史过程，根据大坝下游是否有敏感保护鱼类确定生态流量的泄放要求，考虑到我国河流自然地理条件差异显著，难以确定统一的评价标准，以珍稀濒危保护鱼类为判别标准，以珍稀濒危保护鱼类种类数量和保护、濒危级别为量化指标。

最后，建立我国水库大坝工程数据库，确定满足所有分类指标数据条件的工程，按照工程规模、开发目标、调节性能、筑坝前后流量变化程度、珍稀濒危保护鱼类等指标进行排序和分类，建立分类管理名录。

5.2.2 分类指标构建

(1) 工程属性指标。工程属性指标反映了工程开发方式、工程开发目标、流量调控能力等指标的差异，以库容和库容调节系数表示。

1) 库容 V。天然河流缺乏对水文过程的调控，筑坝后开始按照设计目标调控河流水文过程，根据水库规模的大小差异，其影响程度也各有不同，虽然小型水库也会影响河流水文过程，产生较大的生态环境影响[169,170]，但是与大型水库相比，库容有限，调控能力相对较小，因此首先确定了库容标作为分类依据。

2) 库容调节系数 β。生态流量调控能力的另一个重要影响因素是水库调度运行方式，根据水库开发目标的不同，分多年调节、年调节、月调节等不同调节性能，考虑大坝对下游水文情势的影响，以及恢复目标水文过程的需求，需要考虑水库的调节性能，具体量化指标为库容调节系数 β(Degree of Regulation，DOR)，即兴利库容与本级水库多年平均年径流量的比值[171]。

$$\beta=V_u/W$$

式中：β 为库容调节系数，β 无单位，以百分比表示；V_u 为兴利库容，m^3；W 为本级水库多年平均年径流量，m^3。

库容调节系数反映了水库对河流年径流量的调节能力，与河流水文变化指标密切相关，例如峰值流量变化、季节性流量变化等[172]。考虑水文站数量和分布的限制，以及水文资料的可获取性，可以通过库容调节系数评估水库大坝工程对流量的影响，研究表明，β 大于 1 时将显著影响流量过程[173]，β 的数据可通过建立的我国水库大坝工程数据库直接获得，其中 V_u 和 W 为工程统计数据，部分未统计的 W 数据通过公开的数据建模获取。在美国加利福尼亚州的研究中，采用 3 弧秒的 HydroSHEDS 流向数据耦合 WaterGAP2 径流模型模拟获得[174,175]，在对比几套径流数据后，本书根据实测水文站数据对比发现，采用 VIC（Variable Infiltration Capacity）模型生成的我国径流数据精度较好，可作为本书的数据基础[176]。

考虑梯级水库调控的影响，本研究同时考虑了累积库容调节系数 β_c（Cumulative Degree of Regulation，Cum. DOR），即：对于每个水库，兴利库容 $V_{u(i)}$ 加上流域内坝址以上所有水库的兴利库容 $\sum_1^i V_{u(x)}$，除以本级水库多年平均年径流量 W。

$$\beta_c = \sum_1^i V_{u(x)} / W$$

（2）水文情势指标。水文情势变化的定量分析可通过建立生态-水文响应关系，识别确定维持大坝下游的水生态系统健康的生态流量过程，当缺乏数据建立生态-水文响应关系时，往往以流量变化程度来识别筑坝的影响，常用方法是将筑坝后的流量（影响后的流量）与筑坝前的流量（影响前的流量）进行比较，评估不同流量组分的变化，例如实测流量与天然流量的比值，其他如大自然保护协会（The Nature Conservancy，TNC）的水文变化指标（Indicators of Hydrological Alteration，IHA），变化范围法（Range of Variability Approach，RVA）等[177,178]。我国河流水文监测站网流量数据序列较为完整，一般筑坝后均设置了坝下水文站，筑坝前的流量数据可以通过水文站实测数据和水文模型模拟等途径获得，目前国内较常用的水文模型有新安江模型、SWAT 模型（Soil and Water Assessment Tool）、VIC 模型等[179,180]。

考虑到反映水文情势变化的指标较多，根据已有研究成果[181,182]，最终采用水文变化程度 D（Degree of Hydrological Alteration）反映筑坝对水文情势的影响，与 Richter 等研究方法不同[183,184]，本书计算水文变化程度时反映了筑坝后流量增加或减少的情况，可将水文过程模拟不确定性的影响考虑在内，包括月平均流量变化程度 D_m、最大 1 天流量变化程度 D_{max} 和年平均流量变化程度 D_a。

1）月平均流量变化程度 D_m。月平均流量变化程度包括年内 12 个月的流量变化程度，为各月筑坝后实测月平均流量和筑坝前月平均流量差值与筑坝前月平均流量的比值，计算时筑坝前后的流量数据时间序列一般不低于10年。

$$D_{m(i)}=[Q_{o(i)}-Q_{n(i)}]/Q_{n(i)}$$

式中：$Q_{o(i)}$为筑坝后实测月平均流量，m³/s；$Q_{n(i)}$为筑坝前月平均流量，m³/s；i为月份，范围是1～12。

2）最大1天流量变化程度D_{max}。最大1天流量变化程度计算方法与月平均流量变化程度计算方法相同。美国几个流域的研究表明，流量变化程度超过20%，可能导致主要生态系统结构和功能的中度变化，但从全球河流开发的流量变化情况来看，流量变化程度基本一般为20%～50%[185]，因此本书假定月平均流量和最大1天流量变化程度超过50%时，作为影响河流生态系统健康的阈值。

$$D_{max}=(Q_{o(max)}-Q_{n(max)})/Q_{n(max)}$$

式中：$Q_{o(max)}$为筑坝后实测最大1天流量，m³/s；$Q_{n(max)}$为筑坝前最大1天流量，m³/s。

3）年平均流量变化程度D_a。通过建立筑坝后实测月平均流量和筑坝前月平均流量的皮尔逊相关系数r（Pearson's r）定量评估年平均流量变化程度。本书假定流量变化阈值为0.5，当r小于0.5时，年平均流量发生显著变化。

$$D_a=\frac{\mathrm{Cov}(Q_o,Q_n)}{\sigma_{Q_o}\cdot\sigma_{Q_n}}$$

式中：$\mathrm{Cov}(Q_o,Q_n)$为筑坝前后实测月平均流量的协方差；$\sigma_{Q_o}\cdot\sigma_{Q_n}$为筑坝前后月平均流量标准差。

（3）水生生物指标。水生生物指标反映了筑坝对水生生态系统的影响，选择鱼类的原因主要是因为鱼类对于河流连通性的变化比较敏感，是能够显著反映河流生态系统健康状态的关键指标[186]。尽管其他物种如底栖大型无脊椎动物也能较好地反映筑坝对河流健康的影响[187-189]，但由于大尺度的数据难以获得，因此不宜作为水生生物代表性指标。另外，大坝建成运行的调度方案缺乏对下游水生生态系统影响减缓措施的考虑，是导致鱼类种群迅速下降的主要原因[190]。鱼类是在水生生态系统影响评估时的主要关注内容，尤其是珍稀濒危保护鱼类及其栖息地，最终确定珍稀濒危保护鱼类的种类数量、鱼类保护级别和筑坝前后保护鱼类的数量变化作为代表性指标。

1）珍稀濒危保护鱼类种类数量n。珍稀濒危保护鱼类种类的多少和鱼类保护级别反映了河段水生生态系统保护的水流条件要求，是限制河流开发的主要约束因素。河流筑坝后，大坝下游河段有珍稀濒危保护鱼类的工程需要在鱼类产卵洄游期等特殊时期泄放一定的天然流量过程，或泄放满足其产卵繁殖需求的特殊流量过程，例如一定的洪水脉冲、特定的涨水刺激等。鱼类种类数量决定了筑坝后在特殊时期泄放生态流量过程的复杂程度，同时根据筑坝对珍稀濒危保护鱼类的影响，叠加中国内陆鱼类物种多样性、特有种和濒危种研究的热点地区[191]，确定需要优化生态流量泄放的工程及鱼类栖息地优先保护区域。

2）珍稀濒危保护鱼类保护级别 L_P。鱼类保护级别反映了对鱼类保护的程度，我国对重点保护鱼类的确定依据是 1988 年国务院批准的《国家重点保护野生动物名录》，划分为Ⅰ级和Ⅱ级 2 个保护级别[192]。

3）珍稀濒危保护鱼类濒危级别 L_E。鱼类濒危级别反映了鱼类种群数量的变化，导致鱼类濒危的原因较多，栖息地的丧失和环境的改变是主要原因，包括渔业资源过度开发、水体污染、水利水电工程开发等。根据《中国濒危动物红皮书：鱼类》对鱼类濒危状态的划分，分别为灭绝（4 种）、稀有（23 种）、濒危（28 种）、渐危（37 种）共 4 级，包括：鲤科鱼类 52 种，鲇类 11 种，鲟鱼类 5 种，鲑鳟鱼类 6 种，其余（鳗鲡等）18 种。另外，世界自然保护联盟（International Union for Conservation of Nature，IUCN）的世界濒危物种红色名录也可为濒危鱼类种类和等级划分提供参考[193]。

5.2.3 分类结果排序

根据分类指标对结果进行排序，确定不同指标对生态流量泄放的影响和要求，引水式电站大坝至厂房区间容易形成减脱水河段，是工程生态流量管理的重点，与引水式电站相比，堤坝式电站和径流式电站对形成减脱水河段的影响相对较小，大坝的阻隔影响和自然水文情势的改变是其生态流量管理的重点，一般大坝越高，其阻隔影响越大，因此本书首先确定了坝高作为分类排序的首要条件。

根据收集的资料，首先确定坝高 1.8m 及以上的大坝作为基本数据，按照水库规模、开发目标、调节性能、流量变化程度、珍稀濒危保护鱼类等指标和分类参考依据进行划分排序（见表 5.2），建立基于分类指标的水库大坝工程分类管理名录。工程属性分类排序的基本参考依据为库容不低于 10 亿 m^3、库容系数大于 0.02，同时考虑水库大坝工程的开发方式和开发目标；水文变化分类排序的基本参考依据为月平均流量变化程度和最大 1 天流量变化程度大于 0.5，年平均流量变化程度 $r \geqslant 0.75$ 为变化程度较小，$0.75 > r \geqslant 0.5$ 为变化程度一般，$r < 0.5$ 为变化程度较大[185]；水生生物分类排序的基本参考依据为珍稀濒危保护鱼类种类数量大于 0 即可，珍稀濒危保护鱼类保护级别和濒危级别按照相应级别排序。

表 5.2 水库大坝工程分类排序参考依据

类别	指　　标	依　　据
工程属性	坝高	≥1.8m
	库容	≥10 亿 m^3
	库容系数	≥0.02
水文变化	月平均流量变化程度	≥0.5
	最大 1 天流量变化程度	≥0.5
	年平均流量变化程度	≥0.75
水生生物	珍稀濒危保护鱼类种类数量	$n>0$
	珍稀濒危保护鱼类保护级别	国家一级保护鱼类、国家二级保护鱼类
	珍稀濒危保护鱼类濒危级别	主要考虑极危（CR）、濒危（EN）和易危（VU）

5.3　河流生态流量评估框架

目前，河流生态流量定量评估方法多种多样，计算结果的合理性与准确性值得进一步探索。根据国内外生态流量计算方法的优缺点及适用条件，本研究提出适用于我国的河流生态流量评估框架，逐级确定生态流量，并通过适应性的管理手段不断改善和优化。河流生态流量评估应主要考虑两方面因素：一是河流类型、河道形态决定了水文学法和水力学法的适用性；二是坝下有无重要保护目标决定了计算时是否需要考虑敏感时期和敏感区，以及是否需要采用栖息地模拟法和整体法。因此，评估河流生态流量应重点考虑河流类型、水库大坝工程类型、大坝下游河道形态和下游重要水生生物目标四个要素；具体计算时应根据下游有、无重要水生生物保护目标分别判定。

作为生态流量分析评估的重要支撑手段，评估流程按照以下程序确定（见图 5.2）。

（1）评估河流生态流量，应首先根据气候、地理及水文特征的差异性，分流域、区域分别考虑；根据我国地理分区、气候分区等相关分区成果，基本可以按照南方地区、北方地区、东北地区、西北地区及西南地区进行划分；分区考虑河流生态流量需要结合现有区划成果，做到与现有区划成果的衔接，已有区划成果如生态水文分区研究、水生态分区研究等大多以水资源三级分区为基础，同时，应综合考虑河流水系的完整性，以水资源三级分区作为河流生态流量基本单元，在此基础上按照河流生态流量区划逐级评估。

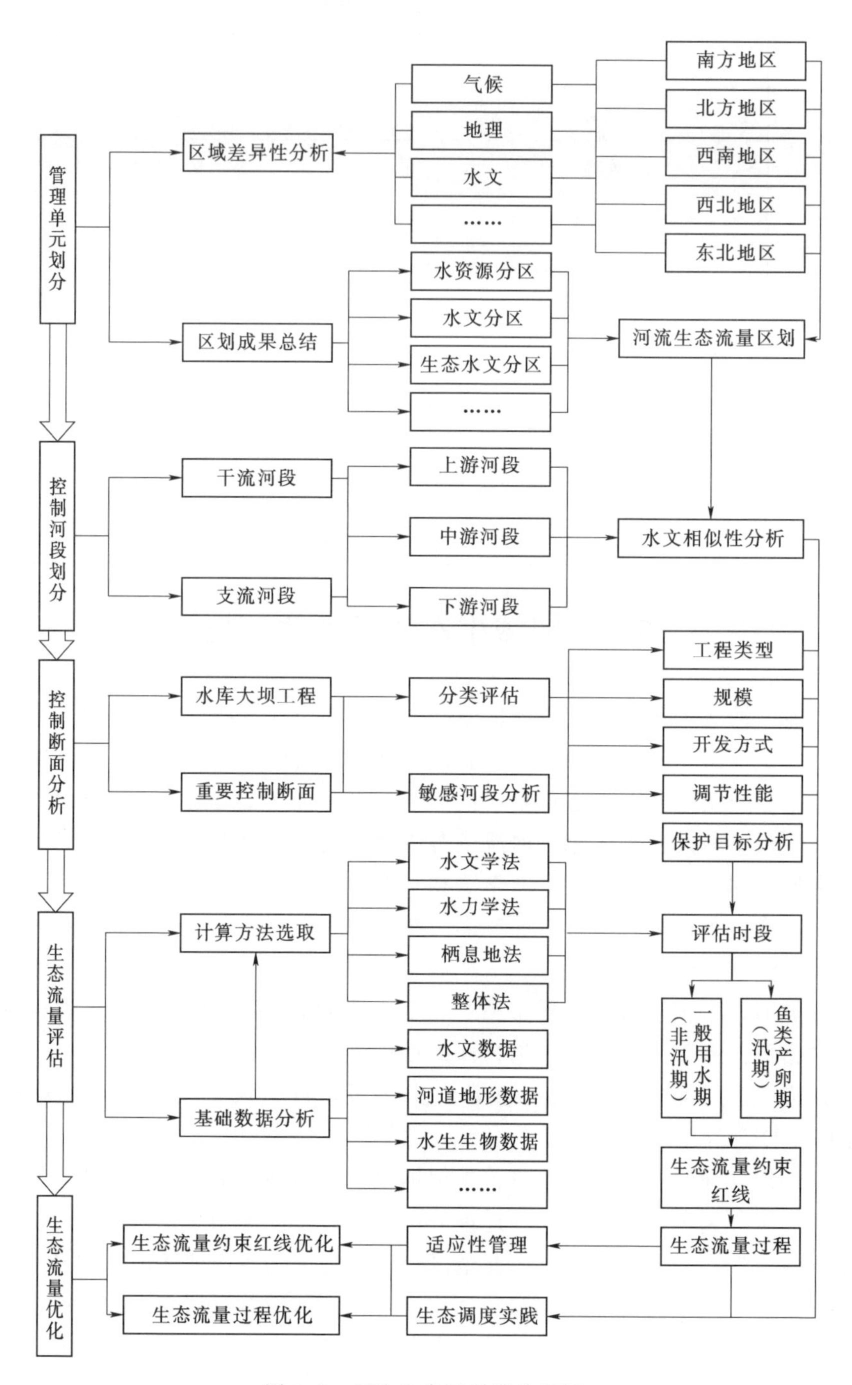

图5.2 河流生态流量评估框架

(2) 进一步分析水资源三级分区内不同河段的生态流量，分析时应充分考虑干、支流及上、中、下游的差异及区别；对于干、支流流量过程特征差异较大的河流，应分析支流的流量过程，并对水文特征相似的支流进行分类，分析干流上、中、下游水文特征的相似性与差异性，分段考虑干流不同河段的生态流量。

(3) 选择主要水库大坝工程和水文站点作为控制断面，分析工程的类型、规模、调节性能及开发方式等要素特征，以工程开发方式为主要指标进行分类，重点关注引水式电站、小水电等对生态环境影响较大的工程类型。对不同工程大坝下游河段水生生物保护目标进行分析，根据有、无重要保护水生生物对工程进行分类划分，下游有重要保护水生生物的工程应重点考虑水生生物繁殖期的下泄生态流量；下游无重要保护水生生物的工程也应分年内不同水期如汛期与非汛期，分别考虑下泄生态流量。

(4) 针对具体河段研究，采用多种方法计算生态流量，根据生态流量计算方法优缺点及适用条件分析结果，选择合适的计算方法。首先，分析研究区域水文、水温、水生生物、河道地形等资料是否满足分析需要，针对下游无重要保护水生生物的河段，年内分汛期与非汛期两个时间计算单元，采用多种水文学法和水力学法计算生态流量，分析计算结果的合理性，可选择水力学法计算结果对结果进行验证，分析保障河道功能性不断流的流量，在资料丰富的情况下也可选择栖息地模拟法与整体法计算，综合分析计算结果的合理性；其次，针对下游有重要保护水生生物的河段，年内分一般用水期与鱼类产卵期两个时间计算单元，一般用水期生态流量可参照坝下无重要保护水生生物河段的计算方法确定，鱼类产卵期生态流量的确定应充分考虑不同鱼类的产卵、洄游等特征，计算时应以栖息地模拟法与整体法为主，采用栖息地模拟法分析河段栖息地质量与生态流量的关系，在资料满足的情况下应采用整体法计算鱼类产卵、洄游的水文学条件与生态流量的关系，综合多种方法计算结果确定生态流量。

(5) 确定生态流量后，需要根据河流生态保护情况不断调整细化，通过适应性管理措施，在年内重要时期开展生态调度试验，建立大坝下游河流生态系统关键指标与下泄生态流量的关系曲线，适时优化泄水调度过程。

第6章

水库大坝工程生态流量分类评估

6.1 分类评估指标数据来源

6.1.1 工程属性数据

本书通过梳理国内外的水库大坝工程成果数据集，汇总编制了我国水库大坝工程数据库，采用国际大坝委员会（ICOLD）统计的国际水库大坝数据库(坝高大于1.8m，库容大于60000m^3 的大坝)[194,195]和全国第一次水利普查资料中的水库大坝工程数据对数据库进行验证，对缺失或未统计的数据做了补充和修正。在ArcGIS下建立矢量图层和属性表，根据1∶400万国家基础地理数据集和正射校正后的卫星影像进行校正❶。根据全国第一次水利普查资料，截至2011年年底，全国库容10万m^3 及以上的水库共98002座，其中大、中、小型水库分别为756座、3938座和93308座，全国共普查水电站46758座，其中装机容量500kW及以上的水电站22190座[196-198]。

本书构建的我国水库大坝工程数据库共包含全国773个水库大坝工程，统计指标包括大坝名称、所属流域、所属行政区域、竣工时间、坝高、库容等信息。

6.1.2 河流水文数据

河流水文数据包括河流水系数据和水文站点的流量数据，河流水系数据来源于1∶400万国家基础地理信息数据，包括1～5级河流水系，水文站点位置数据来源于我国水文站分布图，包括9154个水文站，根据水库大坝工程位置分布图，选择坝下代表性水文站，同时考虑水文站建站时间和工程竣工时间，保证所选水文站的流量数据能够覆盖工程运行前后❷。

尽管我国水文站网分布较广，但是能够反映筑坝影响的典型水文站点仍然相对较少，本研究采用水文站分布图，结合水库大坝工程分布图和全国水系分

---

❶ 数据来源于寒区旱区科学数据中心（http：//westdc.westgis.ac.cn）。

❷ 数据来源于中国科学院资源环境科学数据中心（http：//www.resdc.cn）。

布图[199]，在 Google Earth 中识别了大坝下游典型水文站，最终确定了 367 个水文站点。水文站流量数据来源于水文年鉴和水资源公报，对于因缺乏监测数据或数据获取困难等原因，而未能获得流量数据的水文站点，采用 VIC 模型生成的径流数据替代，数据集来源于全国 1952—2012 年的径流数据集，时间尺度为 3 小时数据，空间尺度为 0.25°，经与实测水文站点对比验证，月流量的模拟效果较好，可满足研究的数据要求[176]。

6.1.3 水生生物数据

根据我国重点保护鱼类和珍稀濒危鱼类名录，本书确定了 16 种重点保护鱼类和 92 种濒危鱼类。我国内陆水域鱼类的研究起源较早，但是鱼类分布格局研究起步较晚，由于鱼类洄游特性和河流线性特征，大尺度的鱼类分布研究较少，尤其是与地理信息系统技术结合的研究更少，也有一些研究建立了基于 GIS 的鱼类基础地理空间数据库[200,201]，但是大多从区域分布的面特征开展分析，较少有大尺度的河段分布研究。

由于本书建立的指标重点反映筑坝对鱼类的影响，因此需要确定具体水库大坝工程与影响河段鱼类的关系，通过文献检索，借鉴 Santos 等人的研究方法[202]，将珍稀濒危保护鱼类的分布范围绘制在我国 1～5 级河流水系图层，叠加水库大坝图层，建立工程与鱼类的关系，将鱼类种类数量、保护级别和濒危级别赋值在工程属性表中。

6.2 生态流量分类评估过程

6.2.1 基于工程属性的分类

目前，国内外的坝高分级方法存在一些差异，我国主要依据库容与安全程度对大坝进行分类，国际上通常按坝高和溃坝后的影响对大坝进行分类[203]。根据国际大坝委员会的定义，大坝为高度大于 15m 的坝，或坝高 5～15m 但库容大于 300 万 m^3 的坝。综合国内外大坝坝高分级依据，将坝高等级划分为 0～5m、5～15m、15～30m、30～60m、60～100m、100～200m 和＞200m，其中部分抽水蓄能电站如羊卓雍错抽水蓄能电站直接从湖中取水，没有建设大坝，因此无坝高数据。根据统计结果，773 个工程以大中型水库为主，坝高在 30～60m 的大坝占 409 个，库容在 10×10^6～$100\times10^6 m^3$ 的大坝占 381 个，426 个明确了开发目标的大坝中，主要开发目标为灌溉、防洪和发电，其中以灌溉为首要目标的工程占 225 个（见图 6.1）。

一般工程上认为，库容调节系数 β 可作为水库调节性能的判别依据，$\beta<0.02$ 为无调节能力水库，在 0.02～0.08 之间为季调节型水库，0.08～0.3 之间为年调节型水库，大于 0.3 为多年调节型水库，变动年用水量的灌

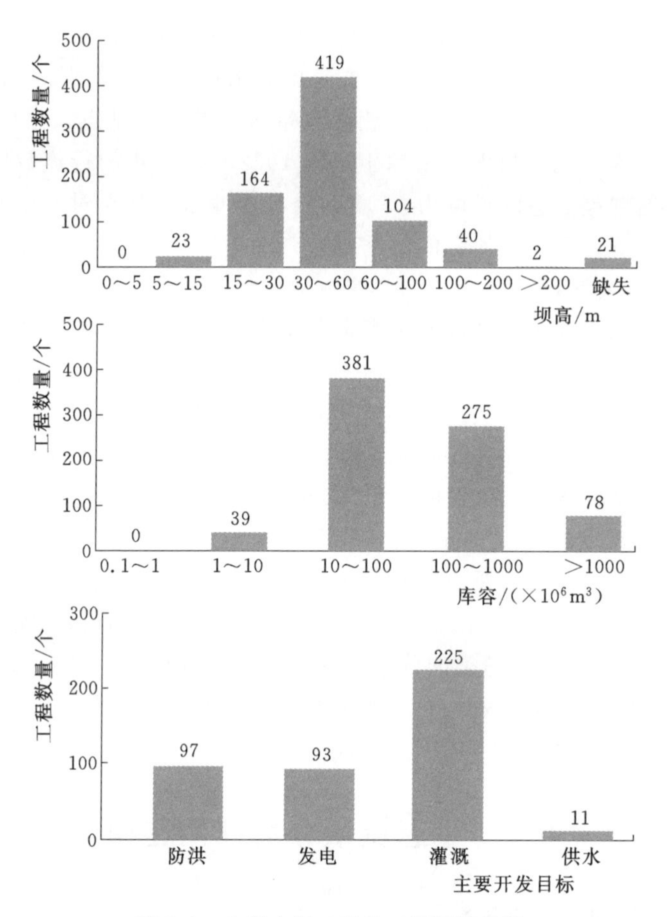

图 6.1 水库大坝工程的工程属性分类

溉水库，年调节与多年调节的 β 分界值较高，约为 0.5。径流式和日调节型水库对下游的流量变化影响较小，基本不改变筑坝前的水文情势，年调节型和多年调节型水库对年内各月径流和年际径流进行优化分配和调节，可以根据历年来水文资料和当年的水文资料确定发电量和蓄水量，另外，对于洪水也具有较强的调节能力，在生态流量调控时应充分利用库容及库容调节系数较大的水库。

本研究计算了所有工程的库容调节系数 β，结果表明 773 个工程以多年调节型为主，588 个工程的 β 值大于 0.5，491 个工程的 β 值大于 0.75，227 个工程的 β 值大于 2；β 值较大的工程主要集中在辽河、海河、长江下游和东南诸河等地区（见图 6.2）。

6.2.2 基于水文情势的分类

根据计算结果，坝下水文站的流量在工程运行后都发生了一定程度的变

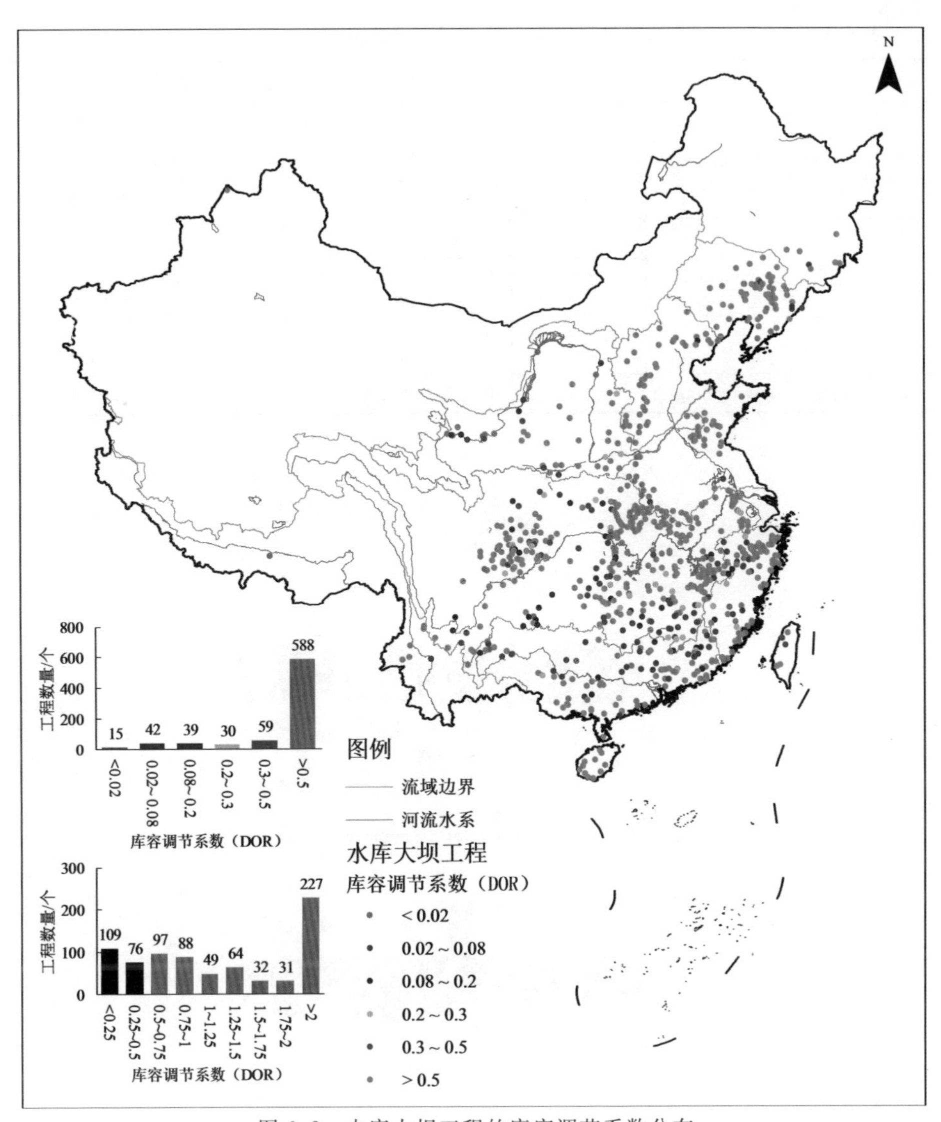

图 6.2 水库大坝工程的库容调节系数分布

化。本书选取了代表性的 8 个典型工程（见表 6.1），涵盖了防洪、发电和灌溉等不同开发目标，以及年调节、季调节和日调节等不同调节性能，据此评估工程运行前后的流量变化程度。

（1）月平均流量变化程度（D_m）。不同工程的月平均流量变化程度有所差异，8 个工程中，小浪底、刘家峡、高光和合面狮 4 个工程个别月份的月平均流量变化程度超过 0.5（见图 6.3）。以防洪为主要开发目标的工程，月平均流量变化程度一般不超过 0.5，其中小浪底 6 月的流量变化程度较大，是由调水调

表 6.1　　典型水库大坝工程基本信息表

序号	名　称		首要开发目标	调节性能	运行年份	实测水文序列时段
1	三峡	Three Gorges	防洪	不完全季调节	2003	1982—2014年
2	小浪底	Xiaolangdi	防洪	不完全年调节	2002	1987—2014年
3	刘家峡	Liujiaxia	发电	不完全年调节	1968	1956—1986年
4	二滩	Ertan	发电	季调节水库	2000	1953—2012年
5	石泉	Shiquan	发电	不完全季调节	1973	1956—1986年
6	八盘峡	Bapanxia	发电	日调节	1975	1967—1987年
7	合面狮	Hemianshi	灌溉	不完全季调节	1974	1956—1984年
8	高光	Gaoguang	灌溉	不完全季调节	1973	1970—1987年

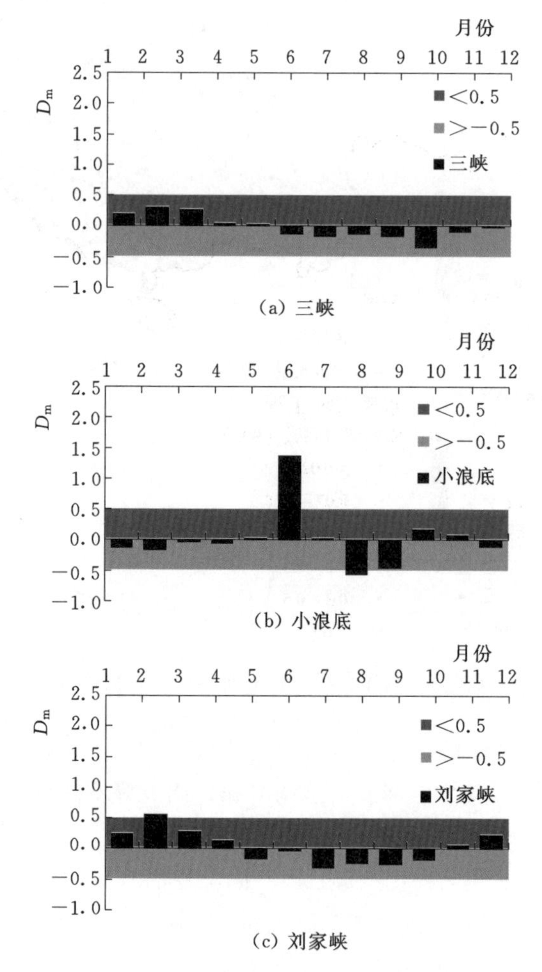

图 6.3（一）　不同工程的月平均流量变化程度

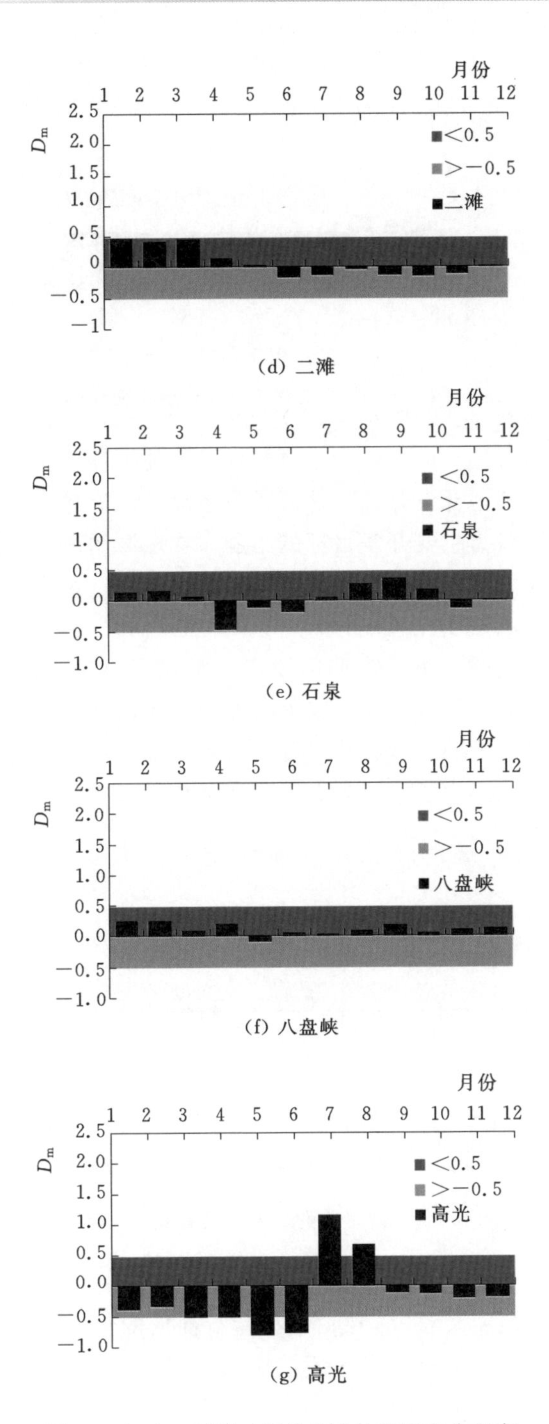

图 6.3（二） 不同工程的月平均流量变化程度

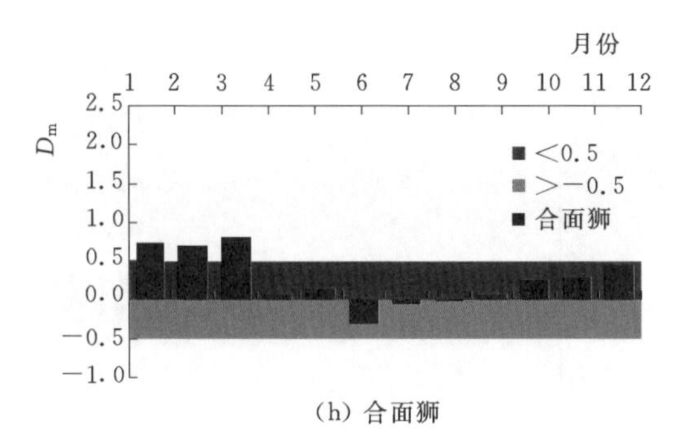

(h) 合面狮

图 6.3（三） 不同工程的月平均流量变化程度

沙运行方式影响引起的。以发电为主要开发目标的工程，流量变化受发电影响较大，应同时结合其他开发目标，统筹考虑下泄生态流量，避免月平均流量变化程度过大。以灌溉为主要开发目标的工程，在灌溉用水时期月平均流量变化程度较大，主要原因为农业用水量的增加使水库下泄流量增加。

（2）最大 1 天流量变化程度（D_{max}）。最大 1 天流量变化程度，反映了筑坝后的削峰作用。同时，鱼类产卵需要一定的洪水脉冲、连续涨水过程等刺激，天然河流的漫滩过程也需要一定洪水才能完成，洪峰流量的减小可能造成一定影响，减弱对鱼类的刺激、减少漫滩过程，例如，小浪底坝下最大 1 天流量变化程度为−0.41，主要原因为大洪水和中常洪水减少，不同工程的最大 1 天流量变化程度见图 6.4。

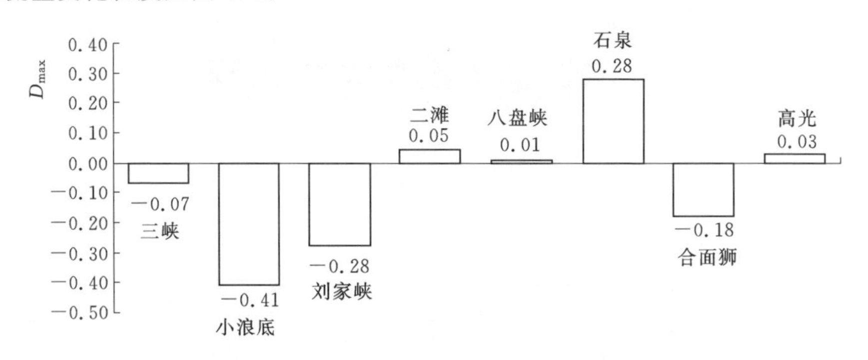

图 6.4 不同工程的最大 1 天流量变化程度

（3）年平均流量变化程度（D_a）。通过检验典型工程坝下水文站实测月流量和天然月流量的相关系数 r，评估工程运行前后的年流量变化（见图 6.5），结果表明，大部分工程的年流量未发生显著变化，$r>0.9$，基本保持筑坝前的天然流量过程；个别工程的 $r<0.5$，表明筑坝后这些工程下游断面的流量过程发生了较大的改变。

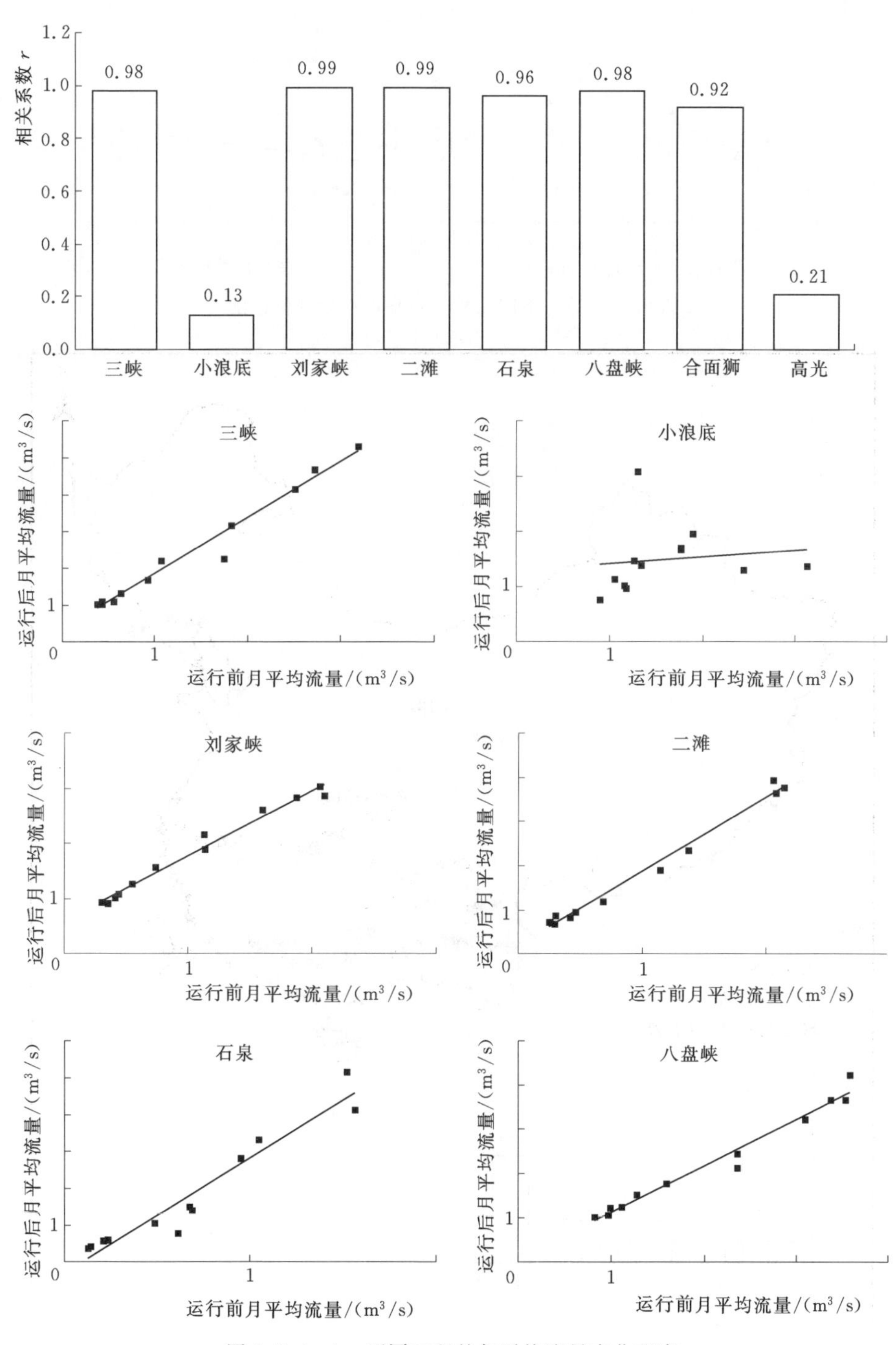

图 6.5（一） 不同工程的年平均流量变化程度

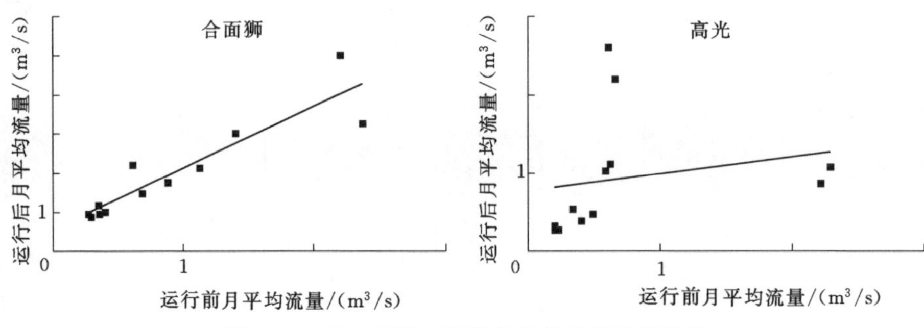

图 6.5（二） 不同工程的年平均流量变化程度

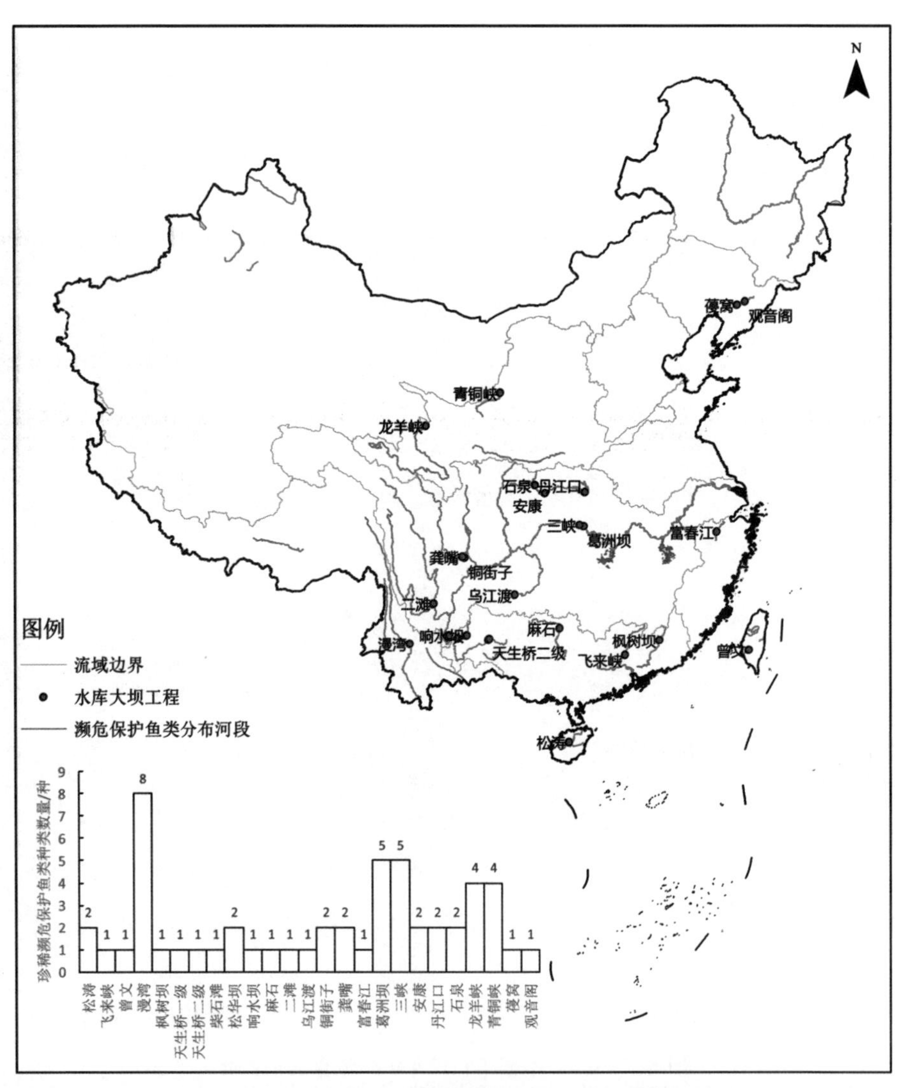

图 6.6 大坝下游有珍稀濒危保护鱼类的工程分布图

6.2.3 基于水生生物的分类

本书首先识别了珍稀濒危保护鱼类的分布区域，92种濒危鱼类中，部分鱼类属于我国特有种，主要分布于三个主要区域：一是长江干支流，以长江中上游的干流河段为主；二是以云南澜沧江、怒江为主的河流和滇池等湖泊；三是东北地区的黑龙江、乌苏里江等河流；除此之外，新疆塔里木河、黄河中上游也有部分物种分布。根据IUCN濒危等级分级方法，对不同濒危等级的鱼类分别在ArcGIS中赋值，叠加水库大坝工程图层，共识别了27个坝下有珍稀濒危鱼类的工程。其中，澜沧江流域的漫湾坝下河段包括8种濒危鱼类，最高保护等级为Ⅱ级，最高濒危级别为易危（VU）；三峡和葛洲坝坝下河段包括5种，但濒危级别和保护级别都相对较高，包括国家Ⅰ级保护鱼类白鲟、中华鲟和Ⅱ级保护鱼类胭脂鱼等，最高濒危级别为野外灭绝（EW）的级别（见图6.6）。

6.3 生态流量分类评估结果

筑坝河流的阻隔效应主要影响了鱼类的洄游和栖息地，主要珍稀濒危保护鱼类分布在大江大河的干流河段，通过叠加鱼类多样性研究热点地区图层，确定了鱼类栖息地优先保护河段，在此河段的工程可通过开展生态调度优化下泄生态流量过程。一些支流小水电的开发同样生态影响较大，但支流河段的工程涉及敏感鱼类的较少，在生态流量管理时，应从工程调控能力和对水文情势的改变程度开展评估。根据分类评估结果，本书绘制了工程分类排序表，并最终建立了水库工程生态流量分类评估的4个分类名录（见图6.7）。

一是坝下有珍稀濒危保护鱼类的工程，应考虑鱼类产卵洄游等特殊时期的敏感生态需水，结合工程调控能力或梯级水库的调控能力，通过开展生态调度的适应性管理，促进鱼类完成其生活史过程，并开展生态修复研究与实践，保护和恢复关键物种栖息地。本书评估的全国773个大坝，有27个涉及珍稀濒危保护鱼类，考虑我国特有种、省级保护鱼类等其他保护目标，涉及的工程将会更多，有些物种如白鲟已野外灭绝，难以通过生态调度方式恢复种群，不在本书考虑的范围；其他种群如中华鲟、“四大家鱼”，目前已开展了长江中上游水库的梯级联合调度；部分种群如胭脂鱼、虎嘉鲑的濒危保护级别不高，但已知种群相对较少，需进一步加强基于生态流量泄放的保护工作。

二是除了坝下有珍稀濒危保护鱼类的工程之外，流量变化程度较大的工程，尤其是月平均和年平均流量变化程度大于50%的工程，在生态流量评估时，除工程特有开发目标外，应以恢复天然流量过程为目标。本书认为满足库容调节系数大于0.5，库容大于$100\times10^6m^3$并且坝高大于30m的工程对下游流量的改变程度较大，应结合防洪、发电、灌溉等工程开发目标，确定生态流

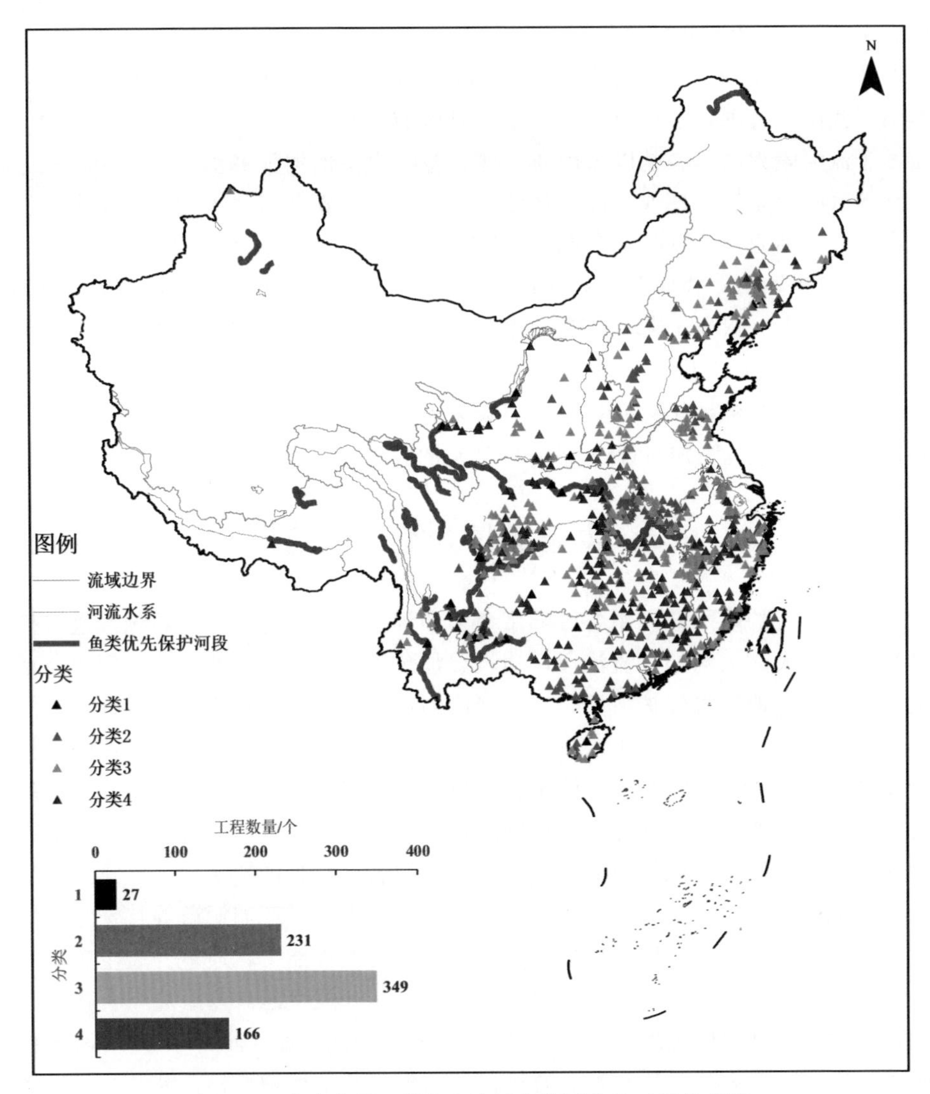

图6.7 水库大坝工程生态流量分类评估的工程分布图

量保证率，以保障水库来流不足时的生态流量。

三是除了坝下有珍稀濒危保护鱼类且流量变化程度较大的工程之外，调节性能较好的工程，由于工程规模直接影响水文过程，许多库容调节系数大、坝下流量变化程度较大的工程，库容却不大，本书认为库容调节系数大于0.5即满足条件。因此，在评估调节性能较大工程的生态流量时，应以保障生态基流为目标，结合工程开发目标，利用工程调节性能控制泄流时间和流量，保障生态流量。

四是除了以上三类工程之外的工程，例如调节性能较差及坝下河段没有敏感目标的工程，可不作为生态流量评估的重点。

第7章

生态流量研究的前沿问题与挑战

7.1 生态流量研究的基础

生态流量研究与实践主要基于自然流态范式理论[204]。自然流态反映了历史流量的时间变异和适应过程，维持了本地物种生物多样性的生态系统过程和栖息地条件。因此，除了恢复静态流量条件（如最小流量），还应把恢复特定流量过程作为河流生态流量管理的目标。自然流态可通过长序列的天然流量过程确定，根据不同流量的生态学意义划分流量组分，包括流量的大小、频率、持续时间、出现时间、变化率等。流量变异受多种因素影响，如气候状况（降水和温度），土地利用、土壤、地形地貌以及流态的地理差异等[205-207]。生态水文作用过程中，物种可不断适应多种流态组分的组合叠加[208]。通过分析物种对主要流态组分的满足程度，可识别促进或抑制物种繁殖和群落形成的关键因素。人类影响的流量流态变化对有效生境、物种生活史过程、特定物种和栖息地的影响，导致了物种效能退化、生态过程和生态系统功能退化，在鱼类[209,210]、河岸带植被[211]和无脊椎动物[212-214]等方面均已得到验证。因此，实施生态流量的目标是恢复特定生态目标所需的自然流态组分。

过去几十年，生态流量的研究体系不断丰富，出现了基于水文变化的定量评估方法、生态-水文响应关系法和区域尺度水文变化的生态限度框架等方法[23,215-217]，逐渐形成统一认识，并在部分国家和地方的水资源政策方面产生了一定影响[26,31,218]。随着对生态流量社会属性的重视，未来研究与管理将更多考虑社会和生态耦合。同时，为实现联合国可持续发展目标，目前已开展了考虑全球生态用水需求的人类用水量研究[20-22]，以指导淡水生态系统和农业灌溉的水量分配问题。

河流生态学研究的理论、方法和模型，是生态流量实践的基础。但是，非稳定性的影响导致单纯考虑自然流态范式难以支撑未来变化环境下的生态流量研究，需要扩展生态流量的生态学基础，才能提高可预测性[219]。

7.2 生态流量研究的前沿问题

7.2.1 全球环境变化与非稳定性

20 世纪的水资源规划与管理主要基于气候稳定假说，即全新世的水文气候过程相对稳定，对河流水文情势的驱动表现为稳定的流量平均值和方差[220]，未受干扰流域的降雨—径流过程在一定范围内变化，具体由生态流量组分（流量大小、频率、持续时间和出现时间）表征[220]，未受干扰流域可作为背景基线。21 世纪以来由于人类活动的影响导致气候变暖加速，全球气候进入了人类世的变化时期，气温和降水随地表过程发生变化，非稳定性导致水文基线改变[222,223]；与历史相比，未来水文情势也将发生变化，给生态流量研究带来了新的挑战。因此，由于气候变化、人口增长、土地利用变化等对水文情势的影响，历史水文基线不再适用[224-226]。

人类世生态流量研究的另一个挑战是生态系统的非稳定性。由于人类活动的影响加剧，打破了局域的生态平衡[227]，也影响了区域尺度生态系统的动态平衡。受人类活动影响，水生生态系统的遗产效应和外来物种入侵对生物间相互作用的影响[228,229]，导致了生态系统非稳定性，破坏了全球淡水生态系统的基线，影响了对目标恢复力的指导作用。

7.2.2 生态水文模型的动态模拟

水文气候的快速变化导致构建生态水文动态模型更加困难。生态流量研究一般通过表征水文情势长期变化的指标（如峰值流量、低流量大小或出现时间等）识别生态系统静态特征[228,229]。生态-水文响应关系反映了流量的时间变异模式，即：物种对流量变异的适应性，为研究特定流量组分变化的生态响应奠定了理论基础。研究表明，通过对物种及其水文指标进行分类排序，可识别一般生态过程；通过流量变化识别特定物种及其栖息地所受影响已在河岸带植物[231]、鱼类[231]和无脊椎动物[233-236]等方面得到验证。

生态过程的时间尺度一般较长，在长期的水文情势变化条件下，单个极端水文事件（如高流量或长期干旱）对生态的直接影响较大。但是，在目前的生态流量研究中，尚未充分认识短期流量变化的重要性。由于单一或系列极端事件的影响，可能导致种群易危[237-240]，非稳定性导致水文基线的改变，使物种暴露于更频繁和剧烈的极端水文事件中，严重影响了物种的效能和可持续性。

由于水文气候的非稳定性，静态水文情势指标及其效应在多种情景的生态响应预测方面存在一定的局限性。水文事件的生态响应更多以生态过程为基础，考虑物种效能与短期水文变化和特定水文事件的响应关系，需要从静态水文指标与生态响应的回归关系，向动态的生态-水文响应机理扩展，研究生物个体、种群和群落对特定量级水文事件的响应机制[241-243]。

7.2.3 生态水文关系的时空特性

大部分生态系统状态（如物种的数量和丰度）的变化，都可用水文情势指标的变化解释。研究表明，72%的生态水文关系研究都是生态系统评估研究的内容；生态流量研究应更加关注生态系统过程[244-246]，加强生态基础耦合。目前，对生态水文关系的认识和量化方法基本达成统一，但由于生态流量涉及多学科、多尺度的内容，在生态水文时空尺度表征方面还未统一，因此，制约了不同尺度生态流量的实施。

生态流量研究与实践需考虑不同时空尺度、多种技术方法和生态响应特征。生态流量的空间尺度从局域尺度扩展到流域尺度和生物地理尺度，生物地理尺度的差异导致物种周转。随着空间尺度扩展，水文学、水力学和生态学特征的表征方法从细粒度定点密集观测，扩展到统计学特征的模型模拟。生态流量实践的方法（观测、模型、试验）一般根据特定的空间尺度和时间尺度确定，时间尺度的变化范围较大，一般可从小时尺度、日尺度扩展到月尺度、季尺度、年尺度和年际尺度等。

生态流量研究与实践的尺度关系框架考虑了多种生态尺度。第一种是年内相对缓慢的生态响应尺度，例如，确定昆虫或河岸带植被物种丰度在几个月内的变化、水文情势变化对群落结构的缓慢影响，需要同时开展多点观测以建立生态水文关系，目前主要方法是开展长期连续的生态系统定点监测。第二种是快速的生态响应，可通过过程变化率识别，例如，通过监测短期的种群增长率或死亡率，可识别特定水文情势及动态变化条件下的物种效能，尽管功能相似的同资源种团适用性较好，但是，实践中通常只选择少数物种或少数地点的种群统计数据。第三种是物种性状特征的生态响应，反映了物种特征对不同时间尺度水文变化的响应，包括行为响应、特定水文事件响应（如躲避突变流量能力）、生活史特征响应（如繁殖时间）等。在动态水文条件和非稳定性条件下，生态流量研究更加强调生态水文关系的过程和机理，生态流量实践更加关注通过物种种群变化率[247]的研究，提高不同区域研究与实践的可移植性。

7.2.4 生态流量评估的关键指标

水文情势是影响水生生物、河岸带物种及其生态系统的主要因素[248-251]。与其他环境要素（如温度、泥沙、水力学要素）相比，水文情势的主导驱动是生态流量评估的假设前提。尽管通过划分河流类型、合理选取生态指标等方式可以提高生态流量评估的可移植性，但由于受其他多种因素影响，水文情势变化的生态响应可移植性较差，生态流量评估需要考虑更多可能的影响因素，以改善生态水文预测结果。

在变化环境下，维持流量干预的生态稳定性和社会价值是生态流量研究与实践的难点，需要确定流量过程和特定流量的生态响应。在大型底孔泄流电站和调峰电站下游等环境变化剧烈的河段，难以建立较为明确的生态水文响应关系，流量恢复的生态效果有限；但是在能够建立明确生态水文响应关系的河段，流量恢复的生态效果较好；在大多数水文情势变化较小的河段，非水文指标的变化极大地影响了生态流量的实施效果；在某些水文要素不是主要限制条件的河段，流量恢复的生态效果有限，其他恢复方法可能更加经济。因此，需要重新考虑生态流量研究与实践的生态水文基础，综合考虑多种影响因素、多种时空尺度和生态尺度的生态水文响应关系。

7.2.5 生态流量预测的生态学延展

考虑到生态水文的非稳定性问题，需要将生态学基础原理和生态系统核心内容共同纳入生态流量研究体系，以提高生态流量的可预测性。生态流量的生态学基础研究主要关注种群和群落尺度的生态过程、局域和区域尺度的联系。生物生活史过程受多种环境要素影响（如流量、温度、泥沙、营养盐），物种能够完成其生活史过程是维持稳定种群可持续性的基础，有利的生长、生存条件保障了种群的生物多样性。

种群尺度的生态过程主要依靠栖息地。栖息地是物种完成其生活史过程的基本保障，有些物种需要多种栖息环境，如鱼类需要产卵、洄游、索饵、越冬等栖息地[56]，栖息地之间的水系连通性是洄游性生物完成其生活史过程的基本条件。浮游动物、昆虫也需要多种栖息环境来完成其生活史过程，例如，成虫可以在适宜的河岸带中生存和繁殖，但是，产卵只能在特定的栖息地，幼体在生长栖息地传播，同时需要躲避可能的极端流量事件的影响。

群落尺度的生态过程主要依靠生物传播。生物以繁殖、发育、生长迁徙等形式寻找适宜栖息地，通过生物体的流入和流出过程实现物种传播，建立局域种群和集合种群的联系[57]，物种传播特征的差异可通过集合种群影响整个群落结构。

生态尺度与时空尺度的变化直接相关，通过不同尺度的过程变化率（增长率、死亡率、迁入、迁出），可更好识别群落状态。尽管细粒度的群体过程考虑了群落物种补充机制，但在群落尺度的研究中一般不考虑补充群体监测。群落可用分类结构（如多样性）或群落功能（如物种特征）评价，以便建立与环境条件的联系，鱼类、河岸带植被和水生昆虫等都可采用这种方法。通过物种特征相似性分类，可评估水文梯度的群落变化；根据不同水文情势要求，可确定物种的同资源种团；根据结构特征，可按照食物网中物种的营养机能和对应水文情势进行划分。

生态流量的生态学基础强调物种完成其生活史过程、群落形成所需的多种环境要素和空间尺度的重要性，通过加强生态学耦合与延展，可促进建立生态水文响应关系，提高生态流量的可移植性和可预测性。

7.3 构建河流生态流量监测系统

7.3.1 生态流量监测系统研究

河流筑坝较大程度影响了坝下河段水生态系统，大坝阻隔作用对鱼类洄游造成一定威胁，筑坝后下泄一定的生态流量可保障下游生态用水需求，通过模拟或下泄天然流量过程，保护下游水生态系统维持在稳定状态，逐渐恢复河流生态系统健康[28]。下泄生态流量的确定原则和保障措施一直是水库工程建设项目环境影响评价研究中的热点问题，生态流量监测是实践管理过程中的难点问题。过去30年，全球许多国家开展了生态流量研究与实践，如Richter提出恢复河流生态需要一定的流量和泄放过程，Arthington提出通过建立关键水文过程的生态响应关系确定生态流量[23,40,252-254]。为保障生态流量泄放，许多国家都制定了生态流量监测管理规范并开展长期监测，不断调整优化流量泄放过程，确定不同流量的生态效应，实现经济效益与生态效益的统筹发展[19,26]。生态流量监测需要政府主管部门、企业、科研院所和公众的共同参与，建立生态流量长效监管机制，保障生态流量泄放与监测，为“三条红线”实施和水资源分配提供决策依据。目前，生态流量监测方面的理论成果相对较少，作为河流生态保护与修复的关键指标，生态流量监测设计不能脱离整个河流生态系统监测体系，一般作为整个系统的一项监测指标。国内外河流生态系统监测机制主要有三种：一是长效监测，通过长期开展流域生态系统监测，分析流域生态要素长期变化趋势，评估宏观尺度的生态系统变化，如流域土地利用变化的水文响应；二是运行调度监测，通过监测生态系统目标用水需求及满足程度，分析工程运行效果，评估中观尺度的生态系统变化，如湿地补水量、航运水位需求是否满足；三是生态调度监测，通过监测针对具体生态目标的生态调度过程及响应，分析生态目标关键影响因素及影响过程，评估微观尺度的生态系统变化，如针对“四大家鱼”产卵繁殖的生态调度试验。河流生态系统的宏观尺度变化涉及多种影响因素的相互作用，如土地利用变化、气候变化、人类活动影响等，因此分析识别宏观尺度流量变化的生态系统响应存在一定困难，一般为中观或微观时空尺度、针对特定目标的河流生态流量监测[19,26]。

生态流量监测系统研究相对较少，生态流量监测方案评估存在不足，监测效果评估、生态效益核算存在一定困难，除栖息地质量、栖息地有效性等指标外，其他可操作性的评价指标较少，多以水生生物完成关键生活史过程的流量需求、维持河流连通性或栖息地生产力的最小流量需求等指标为主。我国在生态流量监测管理方面以《关于加强水电建设环境保护工作的通知》（环发

〔2005〕13号）为起点，在《关于印发水电水利建设项目水环境与水生生态保护技术政策研讨会会议纪要的函》（环办函〔2006〕11号）中提出了生态流量监控系统的技术措施和建议，后续又发布了《关于进一步加强水电建设环境保护工作的通知》（环办〔2012〕4号）和《关于深化落实水电开发生态环境保护措施的通知》（环发〔2014〕65号），明确提出需确定蓄水期及运行期生态流量泄放设施及保障措施；实践方面对不同流量的生态响应监测还处于起步阶段，仅在一些大型工程开展了探索研究，如长江三峡水利枢纽工程开展的以刺激“四大家鱼”和中华鲟产卵繁殖为目标的生态调度，黄河小浪底水利枢纽工程开展的以泥沙输送为目标的调水调沙试验，虽然案例探索取得一定成效，但全国层面、流域层面的生态流量管理与监测，还存在很多亟待改进的地方。尽管有学者提出了基于流量变化对生物影响的评估框架，重点评估栖息地质量变化，但对于政府主管部门的宏观管理和企业的落实运行，需要更直观、有效地监测评估框架[22,29]。生态流量监测实践受多方面因素影响，如监测站点的选择、河流生态系统模型的概化等。生态流量监测目标可以分为两个层次：一是保障生态流量泄放的基本目标，落实生态流量泄放措施与监测生态流量泄放过程；二是优化生态流量泄放过程的改进目标，监测日常运行调度与生态调度的生态响应，可为优化监测方案、改进管理决策提供支撑[256,257]。为保障筑坝河流生态流量，澳大利亚墨累—达令河流域实施了生态流量监测（http：//www.mdba.gov.au/what－we－do/basin－plan，MDBA 2010），涵盖了流域内27条主要河流，系统设计存在三个难点：一是关键水生生物和生态系统功能用水需求不断增加，同时许多地区的基础资料相对匮乏增加了决策难度；二是统筹考虑社会、经济和生态用水需求，未能满足全部生态目标需求；三是很难在短期内实现生态流量泄放的生态效益，需要开展运行调度的长期监测，并通过生态调度监测不断优化泄流过程，才能实现社会、经济和生态系统协调发展。

为推进落实我国生态流量保障措施与监测体系，亟须完善河流生态流量监测，对建立河流生态水文响应关系提出了更高的数据要求，通过梳理分析国内外相关文献和实践成果，本书提出了关于构建河流生态流量监测系统的几点建议，为生态流量监测系统构建、生态流量宏观决策与管理提供依据。

7.3.2 明确合理监测目标

生态流量监测目标的确定是整个监测系统运行的基础，可为确定不同层级准则和监测计划提供依据，包括设计监测方案，制定监测计划，选择监测指标、方法和手段，改进监测方案等。生态流量监测目标主要有两类：一类是恢复生态流量组分，由于筑坝后的水文节律发生变化，通过恢复受影响的关键流量组分可逐步恢复生态流量，如通过恢复洪水过程修复漫滩湿地，避免河岸带生态系统退化；通过恢复涨水过程刺激鱼类产卵，恢复鱼类生物多样性和栖息地生产力。二类是保护生态流量组分，对由于取用水、引调水等造成河流流量减小、生态退化，河流水文节律没有受到明显影响的情况，需要通过维持生态流量组分完整性保障河流生态系统健康[258]。宏观尺度的顶层设计决定了各准则层的具体指标框架和生态系统特征，生态流量监测目标确定后，应以目标为指导，分别确定不同层级准则，建立各层级评价指标及具体涵义，通过自下而上各准则层基本指标的量化为目标提供评估依据，例如，确定了河流-河岸带生态系统恢复目标后，便可建立维持或恢复河岸带湿地生态系统健康的具体指标，如淹没时间。

监测目标的确定涉及对社会、生态等多个系统的潜在影响，为保障监测系统运行，目标制定时需要利益相关方的共同讨论，才能优化各层级设置和分级指标。同时，应结合河流生态系统概念模型描述其动态变化，建立不同监测要素的生态系统响应关系，科学合理确定监测目标。

7.3.3 制定具体监测计划

生态流量监测计划是监测系统正常运行的基础，分长期方案和短期方案两部分。长期方案是生态流量监测系统运行的长期目标，直接推动实施长效监测与运行调度监测；短期方案一般时间较短，推动生态调度监测的实施，用于确定特定生态目标流量需求，通过短期方案目标实现改善生态调度监测指标和短期方案监测计划，优化长效监测与运行调度监测指标[259]。

制定监测计划时需参照河流生态系统及监测目标需求，设计监测计划的层次结构，同时选择不同层级的量化指标。有效的监测计划设计一般应充分收集河流生态系统资料信息，建立各准则层的确定依据，选取适宜量化指标作为准则层评估依据，分阶段、分层次的完成监测，同时充分考虑潜在影响及其相互作用。其中，McDonald - Madden 等设计的 SMART 模型（Specific，Measurable，Attainable，Relevant，and Time - bound）改进了监测方案设计，提高了管理评估效果，建立生态系统 SMART 模型后，可以确定维持生态系统特定状态的流量需求，如通过栖息地法或其他方法建立流量组分与生态保护目标的关系[260]。但 SMART 模型实践需要确定生态响应目标变化范围也面临一些困难，生态系统要素间的复杂作用影响了对目标变化范围的预测精度，需要开展适应性监测解决评估中的困难。监测站点选择时，应选择资料序列较好的站点，由于气候变化、人类活动等影响，天然流量过程不宜作为监测计划的恢复目标，一般将特定历史时期的流量状态作为恢复目标，历史监测数据可为描述特定时期河流生态系统提供依据，同时长序列的数据也可用于分析时空变异程度。缺乏历史数据将影响生态水文响应系统的确定，流量恢复过程非线性特征，也增加了制定监测计划的难度，有效的监测计划应达到流量恢复或保护的目的，不应对河流生态系统造成进一步破坏。澳大利亚已开展了一些无脊椎动物评估计划，如AUSRIVAS，RivPACs，通过识别河流生态系统临界指标阈值，用生产力模型或贝叶斯模型预测指标变化，避免流量增加或减小到临界值。

同时，为提高生态水文响应关系确定依据，应在指标响应时间内设计影响前后监测计划，分别监测生态调度前后数据，避免其他因素对监测指标造成影响，监测时间和频率等在一定程度由调度目标决定[261]。在刺激鱼类产卵繁殖的调度监测计划方面，应在产卵期内设计足够的监测次数。King等人为评估墨累河流量变化对鱼类产卵和补充群体的影响，设计了为期6个月的监测计划，每两周监测一次，并在鱼类产卵期后4个月时间内监测其补充群体。对于鱼类种群丰度监测，一般有三个关键时期：①生态调度后1～2周，鱼类种群短期内不会受到其他影响，同时可等效地评价湿地状况；②生态调度后6周，对比1～2周的区别，描述鱼类的短期响应；③产卵期末，对比1～2周的区别，描述产卵期的响应。由于生态系统自身的复杂性，预测特定流量的生态响应存在一定误差，只能通过积累管理经验改善未来预测精度，需要开展生态流量适应性管理。

7.3.4 选取适宜量化指标

指标选取时应结合监测计划不同准则层需求，以河流生态系统概念模型为基础，识别关键生态影响，选择具体可量化的指标。河流生态系统概念模型可为监测目标确定及适宜指标选取提供理论框架，是解释生态系统复杂作用过程的有效手段，可用于分析生态系统状态和过程，定量描述生态目标对流量的响应程度，例如，量化鱼类栖息地状态-压力-响应模型（Pressure - State - Response，PSR）。分层选择指标时需确定关键指标，可以选择多种指标描述维持或恢复生物多样性、功能多样性，但在SMART模型应用时需选择关键指标。生态流量监测系统有效指标是研究的难点，研究表明生态流量组分和鱼类生长之间存在一定关系，一般情况下，如果监测计划的各层评价指标不合适，不仅难以改善流量目标，甚至会出现河流生态系统退化的情况。但目前描述生态水文关系的有效指标较少，适宜量化指标选取有七个主要原则：①科学分析生态系统功能；②具有有效历史数据；③遵从系统性原则，选取可预测的指标；④监测过程可具体量化，具有明确的统计属性；⑤可操作性和普适性，不需要过多的专业知识；⑥目标相关性，与现有管理目标相关，可以确定阈值；⑦具有特定社会、经济、文化或保护价值。

7.3.5 设计有效监测手段

监测结果有效性受监测误差、数据精度及时效性等影响，一般主要是由监测手段引起的，包括监测误差和方法误差。监测误差是由于无法观测整个生态系统的所有变量，以部分替代总体的方式设计监测样本，导致监测结果存在误差，无法准确描述系统真实状态，监测误差可通过加密监测解决。方法误差主要是因为没有标准化监测方法引起的误差，生物监测受多种因素影响，底质、流速、水深、透明度和流量等参数都会影响生物种群变化。为降低方法误差的影响，应建立监测系统标准化监测方法，通过标准化监测方法和数据采集技术，降低监测系统的误差。

生态调度监测手段设计时，需建立生态目标与河流生态系统概念模型的对应关系，通过分析目标层级和指标的关系，建立生态水文响应关系。监测河流生态系统功能变化，可提高管理措施有效性的预测精度。目前，大多数生态流量监测重点关注效益，如电站发电效益损失、下游生态效益评估等，但从促进河流生态修复的角度看，重点是以建立和改善生态水文响应关系为目标，监测河流生态系统功能。除了监测生态调度是否达到目标（即是否达到了预期生态效应之外）监测过程还关注调度措施发生和不同层级指标的响应机制，凝练未来生态响应改善的有效信息。监测应重点关注关键时期的指标监测，同时考虑管理需求、监测目标及其指标的响应时间，如水质变化的响应时间较短，而鱼类种群变化的响应时间相对较长。生态目标寿命长短及生活史特征是生物群落监测时应考虑的重要因素，寿命短、补充群体大的物种一般生态响应较快，相比寿命长的物种更适合短期监测。Robinson 等指出，大型底栖生物多样性组成对常规洪水过程的响应可能会延续几年，随着物种组成变化栖息地不断调整，生物多样性上升。考虑适当的响应时间，如果对目标了解较少，则确定合理监测时间将会比较困难。

7.3.6 优化监测管理措施

生态流量监测系统的核心是生态流量的适应性管理（Adaptive Management，AM），根据收集管理确定的生态目标信息，监测生态系统对生态调度等干预措施的响应，结合管理需求设计信息反馈渠道与适应性管理措施，可在一定程度上保障生态响应准确性、提升措施有效性[262]。墨累-达令河流域的适应性管理成效显著，决策者通过合作实施、监测和评估生态流量，比较有效的干预监测案例，包括防止生物膜积累的泄流试验、刺激鱼类产卵的脉冲试验和维持水鸟繁殖的补水试验[263]。

适应性管理可用于政府主管部门决策，为促进不同部门协调管理、责任划分、提高信息透明度和决策效率提供技术支撑。通过适应性管理可加强对河流生态系统动态响应机制的理解，提高预测精度，整个监测系统管理过程允许重新评估管理效果并改进，为适应可能出现的影响（如：一场洪水事件）提出改进措施，当突发事件发生时，也可以通过动态监测识别生态系统响应，适当调整流量实现预期目标。

7.4 加强生态目标的动态适应性管理

为应对全球环境变化背景下生态流量研究面临的挑战，需要加强生态目标的动态适应性管理。生态水文的非稳定性和多种环境要素导致的水生生态系统退化，给淡水生态系统保护和可持续发展带来了新的挑战。生态流量实施目标一般是为了恢复生态系统特定的历史状态，为了达到最佳实施效果，需要考虑生态系统退化条件下的流量分配问题[264]。这要求管理者了解全球变暖和外来物种入侵带来的影响，以及生态系统水文基线和环境变化的响应。考虑生态目标适应性管理的动态特性以及应对环境变化的不确定性，需要更加灵活的生态流量管理方式。

人类世背景下的自然流态范式的核心是生态恢复的变异管理和环境变化的生态响应。保护生态系统的主要方式是保持其弹性恢复力，即维持生态系统关键过程和联系的稳定性，保障社会和环境变化条件下的生态系统功能完整性[265,266]。未来生态水文变化存在较大的不确定性，难以精确定量模拟，需要结合风险分析方法对未来各种情景的生态-水文条件开展脆弱性评估。构建灵活的生态准则和生态水文响应关系框架，实施非稳定性条件下的生态流量管理是应对生态系统变化的有效措施。为满足大坝的工程目标和生态目标，可采用决策扩展方法[267]建立气候不确定性条件下的调度规则，明确生态效能指标和约束阈值，评估不同管理措施的效果，可将物种持久性作为生态弹性恢复力的代表性指标。决策扩展方法可将基于模型或情景模式的未来水文条件与风险模型、非稳定性驱动因素（如气候变化、用水需求等）等结合，评估同时实现工程经济效益和生态效益的管理方式。持续开展脆弱性评估可为分水决策提供支撑，从而提高生态系统可持续性和弹性恢复力。

第8章

结论与展望

8.1 结　　论

本书对比分析了国内外河流生态流量的概念、内涵、方法和管理规定，构建了河流生态流量差异化评估方法，完成了水库大坝工程生态流量分类评估研究，并且提出了生态流量研究的前沿问题与挑战。本书的主要结论如下。

（1）河流生态流量研究的理论方法。目前，河流生态流量理论方法体系尚不完善，生态流量概念内涵尚未统一、河道内与河道外生态用水需求之间的要求也未统一，研究对不同流域、河流、河段的生态流量考虑不足，对大坝下游水库回水河段生态流量考虑不足。河流生态流量研究难点为水资源分布的流域、区域差异性和河流生态系统服务功能的差异性，不同河段的生态用水需求差异较大，工程下泄生态流量与其相对应的生态系统服务功能界定不清。国外河流生态流量研究实践经历了从维持航运、渔业的流量需求，到维持河流水生生物正常生活史过程、维持河道形态和景观生态的流量需求，最后形成保护河流生态系统可持续发展的生态流量；我国河流生态流量研究实践从最初西北干旱地区最小生态流量的确定，发展到保障黄河、长江健康生命的生态流量，不同流域、区域的生态流量差异显著。

已有研究建立了多种计算方法，常用计算方法有水文学法、水力学法、栖息地模拟法和整体法4大类。我国河流生态流量计算方法已逐渐从国外水文学法的引进和应用，发展为多种计算方法的改进和创新，研究中往往采用多种计算方法结合使用。我国已开展了整体法的研究和应用，针对我国河流的实际情况有所创新，例如，建立了适用于我国大型河流的水文-生态响应关系法等，但是由于整体法研究需要一定的实测数据、技术方法和资金支持，当前只有我国的大型河流才具备这些基础条件，还不能作为普适性的方法推广。总体来看，我国河流生态流量计算方法大多对径流年内分布过程的考虑不足，一般采用单一值作为生态流量约束红线阈值，或者考虑一般用水期和特殊用水期两个不同时期的值，有、无水生生物保护目标的河流在不同时期对用水需求不同，虽然已有一些研究考虑了生态调度过程，但是实际运行过程对水生生物保护目标的考虑，对丰、平、枯水期等不同时期，对不同来水条件以及运行调度保障的考虑仍需加强。

（2）河流生态流量管理的经验启示。国外发达国家一般通过建立明确的约束红线管理生态流量，或者制定区域性的约束红线来便于区域管理，部分国家通过采取激励机制或适应性管理机制动态管理下泄生态流量，促进特殊用水时期下泄更多的生态流量，保障下游水生生物的生长繁殖。我国的河流生态流量管理主要有两个问题：一是未形成统一的生态流量约束红线，不同地区生态流量计算结果的差异较大；二是基于大坝下游河段不同保护目标的生态-水文响应关系研究不足，难以实施多目标用水需求的生态流量调度管理。

我国目前的政策法规难以保障快速发展的河流开发要求，未形成有效的生态流量管理机制，对河流生态流量未能形成有力约束。尽管从研究方面建立了多种计算方法，但是从宏观战略管理层面，如何确定最小生态流量和生态流量过程是仍未解决的问题，采用多年平均天然流量的10%作为最小生态流量，结合其他环境保护目标和敏感保护对象的用水需求确定工程下泄生态流量，存在一定管理难度。

制定科学的生态流量管理规范，是从法律层面规范河流开发与保护的必然选择。未来有待深入开展研究，尽快建立生态流量计算评估的规范标准，开展多种方法比选的实证研究，近年来我国河流的水文、水质、泥沙和生物监测数据逐步丰富，在基础数据满足的情况下，应尽量采用多种方法计算生态流量，结合坝下河道特征与大坝下游河段受工程影响的珍稀濒危保护鱼类及其栖息地等目标进行计算，分析不同方法计算结果的科学性与合理性，选择符合流域、区域实际情况的方法和结果。未来，应在梳理我国生态流量管理实践经验的基础上，分析目前存在的问题，通过建立约束红线，实现生态流量管理目标；尽快建立筑坝河流生态调度和补偿机制，积极调动企业及科研管理单位生态调度的参与程度，建立长效连续生态调度机制，通过加强事中事后全过程监管，进一步推动我国河流开发中的生态环境保护，实现河流开发与保护统筹兼顾。

（3）河流生态流量实践的经验启示。本书通过梳理国外7条河流的生态流量实施过程和效果，分析了生态流量实施的成功经验和不足，针对中国生态流量的管理实践现状，总结了对政府、管理部门、水电企业、研究机构和非政府组织等多个利益方实施生态流量的启示。研究认为，生态流量涉及研究、管理与实践等多项内容，需要多个利益相关方的共同参与，充分发挥各方作用，充分考虑可作为生态流量目标和指标的社会、经济和生态环境要素，共同实施生态流量。具体而言，政府部门应加强部门之间的协商机制，在生态流量实施方面，以水利部门为主导，会同生态环境、农村农业、能源等其他相关部门共同制定生态流量管理规定；管理部门应充分考虑不同地区河流、不同建设时间和不同类型工程的差异，探索研究建立适应性管理机制，结合生态流量管理要求，分阶段、分区域、分类型的实施生态流量；水电企业应积极发挥企业社会责任，加强生态流量适应性管理的参与程度，加大生态流量研究的资金投入；研究机构应加强生态流量的基础研究工作，建立明确的生态流量概念和内涵，通过研究建立生态水文响应关系，提出更加科学的生态流量评估方法；非政府组织尤其是国际非政府组织，应推动生态流量成功经验的应用，推动欠发达地区生态流量的实施和资金募集，推动国际专家在生态流量评估和实施中的参与程度。

国际典型河流生态流量管理实践经验和启示的梳理，可为完善生态流量理论方法体系和中国生态流量管理实践提供一定参考。我国生态流量研究还未形成系统的理论方法体系，许多先进经验还未纳入标准方法，管理实践仍有待进一步深化，已有研究成果的应用可检验验证其效果，并反馈于理论不断改善。

（4）水库大坝工程生态流量分类评估方法。本书针对不同类型水库大坝工程的下泄生态流量，建立了水库大坝工程生态流量分类评估方法；从工程属性、河流水文情势与水生生物 3 个方面建立了分类指标和方法，按指标绘制了水库大坝工程分类排序表，并最终建立了水库大坝工程生态流量分类评估的 4 个分类名录，确定了生态流量评估的重点，对坝下有珍稀濒危保护鱼类的工程、对流量改变程度较大的工程、对调节性能较好的工程等分别提出了下泄生态流量的调控原则。

水库大坝工程生态流量分类评估方法可为分区域、分阶段、分级确定河流生态流量提供技术支撑。未来，还需在河流生态流量监测网络等方面投入基础设施建设，保障生态流量计算的数据需求，并通过加强开展水库大坝工程的生态调度试验，建立我国水库大坝工程下泄生态流量与下游河流生态系统关键指标的生态水文响应关系，适时优化泄水调度过程，为生态流量的定量评估和过程优化提供关键支撑。

（5）河流生态流量评估的基本原则。为保障河流生态用水需求，必须维持河道内一定的生态流量，以水库大坝工程作为主要调控措施，将其纳入水资源配置中统筹考虑。引水式和混合式电站引水发电以及堤坝式电站调峰运行，将使坝下河段减（脱）水，调水、引水和供水等河道外用水水利工程也将造成下游河道减（脱）水，水文情势的变化将对水生生态、生产和生活用水、河道景观等产生一系列的不利影响。为减缓河流筑坝开发对下游的生态影响，水库大坝工程必须下泄一定的生态流量。

河流生态流量评估需要考虑的因素包括：①维持水生生态系统稳定所需的

水量；②维持河道水质的最小稀释净化水量；③维持河口泥沙冲淤平衡和防止咸潮上溯所需水量；④水面蒸散量；⑤维持地下水位动态平衡所需要的补给水量；⑥航运和景观需水量；⑦河岸植被需水量、湿地补给水量等。评估时需开展多方法、多方案的比选，根据环境对河道控制断面的流量、水位、水深、流速、水面宽等特征值的要求，开展定量评估；不同地区、不同规模、不同类型河流、同一河流不同河段的生态用水需求差异较大，应针对具体情况采取合适方法予以确定；大坝下游有重要水生生物保护目标的河段，应根据保护目标用水需求在特殊用水时期制造人造洪峰，根据生态系统不同时间（特殊用水时期、不同月份、不同季节）对流量的要求，给出年内下泄流量过程线，优化水库调度过程。

（6）生态流量研究的前沿问题与挑战。通过综合分析国内外生态流量研究成果，提出了生态流量研究的前沿问题，包括全球环境变化与非稳定性，生态水文模型的动态模拟，生态水文关系的时空特性，生态流量评估的关键指标，生态流量预测的生态学延展。在人类世全球环境变化背景下，水文、气候和生态系统共同发生变化，应对全球环境变化成为未来生态流量研究面临的主要挑战。随着对全球环境变化与非稳定性的适应，生态流量研究的特征要素发生了变化，更多地考虑生态水文变化与生态目标保护和恢复的协调，通过有效干预实现更多的生态效益。非稳定性为生态流量与生态学的耦合发展奠定了基础，生态耦合研究不仅可推动生态流量的发展，还可为生态保护目标的确定提供理论支撑。因此，为应对这些挑战，未来生态流量研究应加强生态目标的动态适应性管理，在未来水文、气候和生态系统共同变化的环境下，加强局域到区域的生态学基础、完善基于过程的生态水文响应机理、强化生态流量分阶段实施的非水文指标耦合，通过适应性的管理框架管理和实施生态流量。

（7）构建河流生态流量监测系统的思考。在河流生态系统已出现明显退化的情况下，通过建立生态流量监测系统保护和修复河流生态系统健康是相对有效的手段，通过适应性管理措施加强生态流量有效性评估是研究与实践的重点，由于不断改进优化的监测目标与需求，需要不断细化生态流量监测体系，基于文献综述与生态流量监测实践总结，本书提出了建立生态流量监测计划的必要性及建议，结合河流生态系统概念模型制定生态流量监测计划与具体设计原则，有利于识别不同量级流量变化的生态系统响应，完善生态流量监测系统。

未来，应在建立自动测报和远程传输系统的基础上，建立一套标准的生态流量数据标准，保证所有监测计划都可用同一种数据格式，包括总体监测目标、生态用水类型和特征、目标系统自然状况和监测变量等内容。生态流量数据应由一个独立机构统一管理，如借鉴墨累-达令河流域管理经验建立流域综合管理机构，并提供一定的数据查询功能。同时，以生态流量监测结果及河流生态系统保护目标的用水需求为决策依据，调整优化工程生态流量泄放过程，并将泄放过程纳入电网调度与水资源配置的统筹考虑中，结合“绿色水电”认证等措施优化监测系统运行成本。

8.2 展　　望

河流生态流量差异化评估方法研究成果可为我国河流生态流量管理提供一定参考，但是应用时还存在一些不足，单纯以提高生态流量约束红线的方式作为管理手段仍难以解决动态管理的难题，其根本原因是尚未建立河流生态流量的适应性管理体系，未能建立下泄生态流量与大坝下游保护目标的生态水文响应关系，实践中未能充分考虑水库大坝工程和保护目标的差异性。未来工作中，亟须在以下方面开展深入研究，不断完善河流生态流量的研究、管理与实践。

（1）河流生态流量的基础研究。河流生态流量研究工作涉及多个学科的内容，在河流生态流量研究、管理与实践中，不同学者、各级管理部门等对生态流量的概念、内涵认识不统一，界定生态流量的要求不统一，各种方法计算结果不一致，给实际应用带来困难。建议加强河流生态流量的基础研究，在系统梳理分析国内外现有生态流量基本概念的基础上，进一步深化研究并提出能够达成共识的生态流量概念和内涵。针对不同地区的气候地理地貌特点、不同的河流特点、不同的河流生态系统特点和保护对象、不同的生物生长敏感时期等，加强基础理论和计算方法研究，为河流生态流量的研究、管理与实践提供坚实的科学基础。

（2）生态流量的全过程管理机制。坚持以提高环境质量为核心，以改善流域生态环境为目标，加强从规划层面到项目管理层面的生态流量监管。开展生态流量全过程管理机制研究，完善规划环境影响评价中的生态流量确定方法研究；开展建设项目环境影响评价中的生态流量保障措施研究，包括工程措施和非工程措施；开展项目验收的生态流量落实情况调查研究，加强工程下游河段的河流生态状况调查，同时把改善生态流量过程作为建设项目环境影响后评价的重要内容。

（3）下泄生态流量保证率研究。目前，研究缺乏对下泄生态流量保证率的考虑，在实践中，当天然来流量小于规定的最小下泄生态流量时，一般按坝址处天然实际来流量进行下放，难以完全保障生态流量。未来亟须开展水库大坝工程下泄生态流量保证率研究，基于调节性能，坝下有、无保护目标，开发目标等要素，分类研究不同类别水库的下泄生态流量保证率，研究面向不同目标的生态流量满足程度，在现有水库大坝工程生态流量泄放过程的基础上，通过开展生态调度试验与环境影响后评价研究不断优化下泄生态流量过程。

(4) 生态流量监测体系建设。现有的生态流量泄放措施多样，生态流量监管存在一定难度。为了更好地配合管理单位开展生态流量管理和监督职能，亟须依托全过程环境管理信息平台，研究构建具有生态流量实时在线监测功能的信息管理系统，提出平台开发需要的软硬件需求，实现全国范围内生态流量在线监测，逐步实现水生生态要素的监测，为河流生态流量的研究、管理与实践提供技术支撑。

(5) 兼顾生态的智慧水库调度。通过水库生态调度试验可建立下泄生态流量与下游生态保护目标的生态-水文响应关系，是优化下泄生态流量过程的有效手段。在目前大数据技术和人工智能技术快速发展期，建议结合生态流量监测体系建设，选取调节性能较好的水库且生态系统功能近期能够改善或恢复的河流，开展兼顾生态的智慧水库调度，运用信息化技术，建立或升级完善水库智能化调度功能，综合分析防洪抗旱、生产生活供水、灌溉、发电和生态等方面的要求，提高大坝下游河流生态用水需求分析等方面的能力和水平，更加科学、精准地调度水库，安排好生活、生产、生态用水，提高河流生态流量保障程度。

参 考 文 献

[1] PANDER J，GEIST J. Ecological indicators for stream restoration success [J]. Ecological Indicators，2013 (30)：106 - 118.

[2] POFF N L，MATTHEWS J H. Environmental flows in the Anthropocence：past progress and future prospects [J]. Current Opinion in Environmental Sustainability，2013，5 (6)：667 - 675.

[3] WOHL E. Environmental Flows：Saving Rivers in the Third Millennium [J]. Biological Conservation，2013 (166)：33.

[4] CHEN A，WU M，CHEN K，et al. Main Issues in Environmental Protection Research and Practice of Water Conservancy and Hydropower Projects in China [J]. Water Science and Engineering，2017，4 (9)：312 - 323.

[5] 段红东，段然．关于生态流量的认识和思考 [J]. 水利发展研究，2017 (11)：1 - 4.

[6] PASTOR A V，LUDWIG F，BIEMANS H，et al. Accounting for environmental flow requirements in global water assessments [J]. Hydrology and Earth System Sciences，2014，18 (12)：5041 - 5059.

[7] BATCHELOR C，REDDY V R，LINSTEAD C，et al. Do Water - saving Technologies Improve Environmental Flows?[J]. Journal of Hydrology，2014 (518)，Part A：140 - 149.

[8] BHADURI A，BOGARDI J，LEENTVAAR J，et al. The Global Water System in the Anthropocene [M]. Springer. 2014.

[9] ERIYAGMA N，JINAPALA K. Developing Tools to Link Environmental Flows Science and its Practice in Sri Lanka [J]. Proceedings of the International Association of Hydrological Sciences，2014 (364)：204 - 209.

[10] DAVIES P M，NAIMAN R J，WARFE D M，et al. Flow - ecology Relationships：Closing the Loop on Effective Environmental Flows [J]. Marine and Freshwater Research，2014，65 (2)：133.

[11] THOMPSON J R，LAIZÉ C L R，GREEN A J，et al. Climate Change Uncertainty in Environmental Flows for the Mekong River [J]. Hydrological Sciences Journal，2014，59 (3/4)：935 - 954.

[12] 陈敏建．中国分区域生态用水标准研究 [S]. 2005.

[13] 国家环境保护总局环境影响评价管理司．水利水电开发项目：生态环境保护研究与实践 [M]. 北京：中国环境科学出版社，2006.

[14] CHEN A，WU M. Managing for Sustainability：The Development of Environmental

Flows Implementation in China [J]. Water, 2019, 11 (3): 433.

[15] BABEL M S, NGUYEN DINH C, MULLICK M R A, et al. Operation of a Hydropower System Considering Environmental Flow Requirements: A case Study in La Nga River Basin, Vietnam [J]. Journal of Hydro - environment Research, 2012, 6 (1): 63 - 73.

[16] PAHL - WOSTL C, ARTHINGTON A, BOGARDI J, et al. Environmental Flows and Water Governance: Managing Sustainable Water Uses [J]. Current Opinion in Environmental Sustainability, 2013, 5 (3/4): 341 - 351.

[17] SMAKHTIN V U, ERIYAGAMA N. Developing a Software Package for Global Desktop Assessment of Environmental Flows [J]. Environmental Modelling & Software, 2008, 23 (12): 1396 - 1406.

[18] 陈昂，隋欣，王东胜．国外水库大坝工程环境影响后评价及对我国的启示 [J]. 中国水能及电气化，2010，72 (12)：26 - 31.

[19] 陈昂，隋欣，王东胜，等．基于水库生态系统演替的环境影响后评价技术体系研究 [J]. 环境影响评价，2015 (6)：41 - 44.

[20] 陈昂，隋欣，王东胜，等．水库生态系统环境影响后评价技术体系研究 [C]. 中国环境科学学会 2014 年学术年会论文集，2014.

[21] 陈昂，王鹏远，吴淼，等．国外生态流量政策法规及启示 [J]. 华北水利水电大学学报（自然科学版），2017 (5)：49 - 53.

[22] CHEN A, SUI X, WANG D, et al. Landscape and Avifauna Changes as an Indicator of Yellow River Delta Wetland restoration [J]. Ecological Engineering, 2016, 86: 162 - 173.

[23] 陈昂，隋欣，廖文根，等．我国河流生态基流理论研究回顾 [J]. 中国水利水电科学研究院学报，2016 (6)：401 - 411.

[24] 陈昂，吴淼，黄茹，等．国际环境流量发展研究 [J]. 环境影响评价，2019 (1)：46 - 49.

[25] POFF N L, MATTHEWS J H. Environmental flows in the Anthropocence: Past Progress and Future Prospects [J]. Current Opinion in Environmental Sustainability, 2013, 5 (6): 667 - 675.

[26] 陈昂，沈忱，吴淼，等．中国河道内生态需水管理政策建议 [J]. 科技导报，2016 (22)：11.

[27] 国家环境保护总局环境影响评价管理司．水利水电开发项目生态环境保护研究与实践 [G]. 北京：中国环境科学出版社，2006.

[28] CHEN A, WU M, CHEN K, et al. Main Issues in Research and Practice of Environmental Protection for Water Conservancy and Hydropower Projects in China [J]. Water Science and Engineering, 2016, 9 (4): 312 - 323.

[29] 陈昂，吴淼，沈忱，等．河道生态基流计算方法回顾与评估框架研究 [J]. 水利水电技术，2017 (2)：97 - 105.

[30] QUESNE T L, MATTHEWS J H, HEYDEN C V D, et al. Flowing Forward: Freshwater Ecosystem Adaptation to Climate Change in Water Resources Management and Biodiversity Conservation [J]. 2010. Flowing forward: freshwater ecosystem adaptation to climate change in water resources management and biodiversity conservation (English). [EB/OL] Water working notes; note no. 28. Washington, DC: World Bank. http://documents.worldbank.org/curated/en/953821468146057567/Flowing-forward-freshwater-ecosystem-adaptation-to-climate-change-in-water-resources-management-and-biodiversity-con servation.

[31] WU M, CHEN A. Practice on Ecological Flow and Adaptive Management of Hydropower Engineering Projects in China from 2001 to 2015 [J]. Water Policy, 2017, 2 (20): 336-354.

[32] FALKENMARK M, FINLAYSON M, GORDON L J, et al. Agriculture, Water, and Ecosystems: Avoiding the Costs of Going too Far [R]. 2007. No H040199, IWMI Books, Reports, International Water Management Institute.

[33] BOARD M E A. Millenium Ecosystem Assessment - ecosystems and Human Well-being: Wetlands and Water Synthesis [J]. Future Survey, 2005, 34 (9): 534.

[34] United Nations Development Programme. The Millennium Development Goals Report 2013 [R]. 2011.

[35] POFF N L, ALLAN J D, BAIN M B, et al. The Natural Flow Regime [J]. BioScience, 1997, 47 (11): 769-784.

[36] POSTEL S, RICHTER B, POSTEL S, et al. Rivers for Life: Managing Water for People and Nature [J]. Ecological Economics, 2005, 55 (2): 306-307.

[37] 陈昂，温静雅，王鹏远，等．构建河流生态流量监测系统的思考 [J]. 中国水利，2018 (1): 7-10.

[38] STAES J, BACKX H, MEIRE P. Integrated Water Management [M]. Springer Netherlands, 2008: 421-446.

[39] BISWAS A K. Integrated Water Resources Management: A Reassessment [J]. Water International, 2004, 29 (2): 248-256.

[40] POFF N L, RICHTER B D, ARTHINGTON A H, et al. The Ecological Limits of Hydrologic Alteration (ELOHA): A New Framework for Developing Regional Environmental Flow Standards [Z]. 2010 (55), 147-170.

[41] Ang C, Jingya W, Miao W, et al. Review of global and China's policies on fish passages [J]. Water Policy, 2019, 21 (4): 708-721.

[42] MATTHEWS J H, WICKEL B A J, FREEMAN S. Converging Currents in Climate-Relevant Conservation: Water, Infrastructure, and Institutions [J]. PLoS Biology, 2011, 9 (9): e1001159.

[43] ALLEY R B, MAROTZKE J, NORDHAUS W D, et al. Abrupt Climate Change [J]. Science, 2003, 299 (5615): 2005-2010.

[44] RICHTER B D, DAVIS M M, APSE C, et al. A Presumptive Standard For Environmental Flow Protection [J]. River Research & Applications, 2012, 28 (8): 1312-1321.

[45] FRÖLICHER T L, WINTON M, SARMIENTO J L. Continued Global Warming After CO_2 Emissions Stoppage [J]. Nature Climate Change, 2014, 4 (1): 40-44.

[46] 陈昂，王东胜，隋欣，等. 小浪底水库水温影响研究回顾 [J]. 人民黄河，2017 (8): 63-66.

[47] 陈昂，隋欣，王东胜，等. 黄河下游河道沿岸景观格局时空动态变化研究 [J]. 水电能源科学，2014 (11): 26.

[48] PARMESAN C. Ecological and Evolutionary Responses to Recent Climate Change [J]. Annual Review of Ecology Evolution & Systematics, 2006, 37 (1): 637-669.

[49] REIDY LIERMANN C A, OLDEN J D, BEECHIE T J, et al. Hydrogeomorphic Classification of Washington State Rivers to Support Emerging Environmental Flow Management Strategies [J]. River Research and Applications, 2012, 28 (9): 1340-1358.

[50] 李红梅. 美国环境流量评估方法 [J]. 水利水电快报，2009 (1).

[51] SCHLÜTER M, KHASANKHANOVA G, TALSKIKH V, et al. Enhancing Resilience to Water Flow Uncertainty by Integrating Environmental Flows into Water Management in the Amudarya River, Central Asia [J]. Global and Planetary Change, 2013 (110): 114-129.

[52] ERLEWEIN A. Disappearing rivers—The limits of environmental assessment for hydropower in India [J]. Environmental Impact Assessment Review, 2013 (43): 135-143.

[53] KIRBY J M, CONNOR J, AHMAD M D, et al. Climate Change and Environmental Water Reallocation in the Murray-Darling Basin: Impacts on Flows, Diversions and Economic Returns to Irrigation [J]. Journal of Hydrology, 2014 (518): 120-129.

[54] RAHAMAN M M. Principles of Transboundary Water Resources Management and Ganges Treaties: An Analysis [J]. International Journal of Water Resources Development, 2009, 25 (1): 159-173.

[55] TAVASSOLI H R, TAHERSHAMSI A, ACREMAN M. Classification of Natural Flow Regimes in Iran to Support Environmental Flow Management [J]. Hydrological Sciences Journal, 2014, 59 (3-4): 517-529.

[56] VIVIAN L M, MARSHALL D J, GODFREE R C. Response of an Invasive Native Wetland Plant to Environmental Flows: Implications for Managing Regulated Floodplain Ecosystems [J]. Journal of Environmental Management, 2014(132): 268-277.

[57] CAISSIE J, CAISSIE D, EL-JABI N. Hydrologically Based Environmental Flow Methods Applied to Rivers in the Maritime Provinces (Canada) [J]. River Research and Applications, 2015, 31 (6): 651-662.

[58] MALONEY K O，TALBERT C B，COLE J C，et al. An Integrated Riverine Environmental Flow Decision Support System（REFDSS）to Evaluate the Ecological Effects of Alternative Flow Scenarios on River Ecosystems [J]. Fundamental and Applied Limnology / Archiv für Hydrobiologie，2015，186（1）：171-192.

[59] PANG A，SUN T，YANG Z. Economic Compensation Standard for Irrigation Processes to Safeguard Environmental Flows in the Yellow River Estuary，China [J]. Journal of Hydrology，2013，482：129-138.

[60] YANG W. A Multi-objective Optimization Approach to Allocate Environmental Flows to the Artificially Restored Wetlands of China's Yellow River Delta [J]. Ecological Modelling，2011，222（2）：261-267.

[61] CHEN H，ZHAO Y W. Evaluating the Environmental Flows of China's Wolonghu Wetland and Land use Changes Using a Hydrological Model，a Water Balance Model，and Remote Sensing [J]. Ecological Modelling，2011，222（2）：253-260.

[62] YANG Z，MAO X. Wetland System Network Analysis for Environmental Flow Allocations in the Baiyangdian Basin，China [J]. Ecological Modelling，2011，222（20-22）：3785-3794.

[63] 王西琴，张远．我国环境流量研究的几个关键问题探讨 [J]. 中国水利，2009（23）：4-6.

[64] WEI S，YANG H，SONG J，et al. System Dynamics Simulation Model for Assessing Socio-economic Impacts of Different Levels of Environmental Flow Allocation in the Weihe River Basin，China [J]. European Journal of Operational Research，2012，221（1）：248-262.

[65] 陈敏建，王浩，王芳，等．内陆河干旱区生态需水分析 [J]. 生态学报，2004（10）：2136-2142.

[66] 刘昌明．中国21世纪水供需分析：生态水利研究 [J]. 中国水利，1999（10）：18-20.

[67] 严登华，王浩，王芳，等．我国生态需水研究体系及关键研究命题初探 [J]. 水利学报，2007（3）：267-273.

[68] 倪晋仁，刘元元．论河流生态修复 [J]. 水利学报，2006，37（9）：1029-1037，1043.

[69] 陈敏建．水循环生态效应与区域生态需水类型 [J]. 水利学报，2007（3）：282-288.

[70] 王西琴，张远，刘昌明．基于鱼类保护目标的椒江环境流量研究 [J]. 中国生态农业学报，2011，19（3）：712-717.

[71] YIN X，MAO X，PAN B，et al. Suitable Range of Reservoir Storage Capacities for Environmental Flow Provision [J]. Ecological Engineering，2015，76：122-129.

[72] 李翀，廖文根．河流生态水文学研究现状 [J]. 中国水利水电科学研究院学报，2009（2）：301-306.

[73] PEÑAS F J，JUANES J A，GALVÁN C，et al. Estimating Minimum Environmental Flow Requirements for Well - mixed Estuaries in Spain [J]. Estuarine，Coastal and Shelf Science，2013 (134)：138 - 149.

[74] KING A J，GAWNE B，BEESLEY L，et al. Improving Ecological Response Monitoring of Environmental Flows [J]. Environmental Management，2015，55 (5)：991 - 1005.

[75] SUMMERS M F，HOLMAN I P，GRABOWSKI R C. Adaptive Management of River Flows in Europe：A Transferable Framework for Implementation [J]. Journal of Hydrology，2015 (531)：696 - 705.

[76] 倪晋仁，崔树彬，李天宏，等．论河流生态环境需水 [J]. 水利学报，2002 (9)：14 - 19.

[77] 郝增超，尚松浩．基于栖息地模拟的河道生态需水量多目标评价方法及其应用 [J]. 水利学报，2008 (5).

[78] 刘晓燕．河流健康理念的若干科学问题 [J]. 人民黄河，2008 (10)：1 - 3.

[79] 杨志峰，崔保山，刘静玲．生态环境需水量评估方法与例证 [J]. 中国科学（地球科学），2004 (11)：1072 - 1082.

[80] 王玉蓉，李嘉，李克锋，等．水电站减水河段鱼类生境需求的水力参数 [J]. 水利学报，2007 (1)：107 - 111.

[81] 陈敏建，王浩．中国分区域生态需水研究 [J]. 中国水利，2007 (9)：31 - 37.

[82] 夏军，郑冬燕，刘青娥．西北地区生态环境需水估算的几个问题研讨 [J]. 水文，2002，22 (5)：12 - 17.

[83] 刘昌明．关于生态需水量的概念和重要性 [J]. 科学对社会的影响，2002 (2)：25 - 29.

[84] 朱党生，张建永，廖文根，等．水工程规划设计关键生态指标体系 [J]. 水科学进展，2010 (4)：560 - 566.

[85] 陈敏建，丰华丽，王立群，等．适宜生态流量计算方法研究 [J]. 水科学进展，2007 (5)：745 - 750.

[86] 刘晓燕，连煜，黄锦辉，等．黄河环境流研究 [J]. 科技导报，2008 (17)：24 - 30.

[87] NILSSON C，REN O F A LT B M. Linking Flow Regime and Water Quality in Rivers：A Challenge to Adaptive Catchment Management. [J]. Ecology & Society，2008，13 (2).

[88] MACKIE J K，CHESTER E T，MATTHEWS T G，et al. Macroinvertebrate Response to Environmental Flows in Headwater Streams in Western Victoria，Australia [J]. Ecological Engineering，2013，53：100 - 105.

[89] 倪晋仁，金玲，赵业安，等．黄河下游河流最小生态环境需水量初步研究 [J]. 水利学报，2002 (10)：1 - 7.

[90] TENNANT D L. Instream Flow Regimens for Fish，Wildlife，Recreation and Related Environmental Resources [J]. Fisheries Management & Ecology，1976，1 (4)：6 - 10.

[91] LATU K, MALANO H M, COSTELLOE J F, et al. Estimation of the environmental risk of regulated river flow [J]. Journal of Hydrology, 2014 (517): 74 - 82.

[92] STEINFELD C M M, KINGSFORD R T, WEBSTER E C, et al. A Simulation Tool for Managing Environmental Flows in Regulated Rivers [J]. Environmental Modelling & Software, 2015, 73: 117 - 132.

[93] EFSTRATIADIS A, TEGOS A, VARVERIS A, et al. Assessment of Environmental Flows under Limited Data Availability: Case Study of the Acheloos River, Greece [J]. Hydrological Sciences Journal, 2014, 59 (3 - 4): 731 - 750.

[94] FEASTER T D, CANTRELL W M. The 7Q10 in South Carolina Water - quality Regulation: Nearly Fifty Years Later [J]. 2010.

[95] ACREMAN M C, OVERTON I C, KING J, et al. The Changing Role of Eco-hydrological Science in Guiding Environmental Flows [J]. Hydrological Sciences Journal, 2014, 59 (3 - 4): 433 - 450.

[96] OLSEN M, TROLDBORG L, HENRIKSEN H J, et al. Evaluation of a Typical Hydrological Model in Relation to Environmental Flows [J]. Journal of Hydrology, 2013, 507: 52 - 62.

[97] AKTER S, GRAFTON R Q, MERRITT W S. Integrated Hydro - ecological and Economic Modeling of Environmental Flows: Macquarie Marshes, Australia [J]. Agricultural Water Management, 2014 (145): 98 - 109.

[98] WARFE D M, HARDIE S A, UYTENDAAL A R, et al. The Ecology of Rivers with Contrasting Flow Regimes: Identifying Indicators for Setting Environmental Flows [J]. Freshwater Biology, 2014, 59 (10): 2064 - 2080.

[99] POFF N L, RICHTER B D, ARTHINGTON A H, et al. The Ecological Limits of Hydrologic Alteration (ELOHA): A New Framework for Developing Regional Environmental Flow Standards [Z]. 2010 (55), 147 - 170.

[100] 潘扎荣，阮晓红，徐静．河道基本生态需水的年内展布计算法 [J]. 水利学报，2013 (1): 119 - 126.

[101] 胡和平，刘登峰，田富强，等．基于生态流量过程线的水库生态调度方法研究 [J]. 水科学进展，2008 (3).

[102] LI F, CAI Q, FU X, et al. Construction of Habitat Suitability Models (HSMs) for Benthic Macroinvertebrate and their Applications to Instream Environmental Flows: A Case Study in Xiangxi River of Three Gorges Reservior Region, China [J]. Progress in Natural Science, 2009, 19 (3): 359 - 367.

[103] 夏星辉，杨志峰，吴宇翔．结合生态需水的黄河水资源水质水量联合评价 [J]. 环境科学学报，2007, 27 (1): 151 - 156.

[104] 刘昌明，杨胜天，温志群，等．分布式生态水文模型 EcoHAT 系统开发及应用 [J]. 中国科学 (E 辑：技术科学)，2009 (6): 1112 - 1121.

[105] LIU C, ZHAO C, XIA J, et al. An Instream Ecological Flow Method for Data -

scarce Regulated Rivers [J]. Journal of Hydrology, 2011, 398 (1-2): 17-25.

[106] 李嘉，王玉蓉，李克锋，等. 计算河段最小生态需水的生态水力学法 [J]. 水利学报，2006 (10): 1169-1174.

[107] 王俊娜，董哲仁，廖文根，等. 基于水文—生态响应关系的环境水流评估方法——以三峡水库及其坝下河段为例 [J]. 中国科学：技术科学，2013 (6): 715-726.

[108] WANG J, LI C, DUAN X, et al. Variation in the Significant Environmental Factors Affecting Larval Abundance of Four Major Chinese Carp Species: Fish Spawning Response to the Three Gorges Dam [J]. Freshwater Biology, 2014, 59 (7): 1343-1360.

[109] 陈进，黄薇. 长江的生态流量问题 [J]. 长江科学院院报，2007 (06).

[110] CHEN A, SUI X, WANG D, et al. Landscape and Avifauna Changes as an Indicator of Yellow River Delta Wetland Restoration [J]. Ecological Engineering, 2016, 86: 162-173.

[111] 钟华平，刘恒，耿雷华，等. 河道内生态需水估算方法及其评述 [J]. 水科学进展，2006, 17 (3): 430-434.

[112] THARME R E. A Global Perspective on Environmental Flow Assessment: Emerging Trends in the Development and Application of Environmental Flow Methodologies for Rivers [J]. River Research and Applications, 2003, 19 (5-6): 397-441.

[113] 粟晓玲，康绍忠. 生态需水的概念及其计算方法 [J]. 水科学进展，2003, 14 (6): 740-744.

[114] MARSILI-LIBELLI S, GIUSTI E, NOCITA A. A New Instream Flow Assessment Method Based on Fuzzy Habitat Suitability and Large Scale River Modelling [J]. Environmental Modelling & Software, 2013, 41: 27-38.

[115] 杨志峰，张远. 河道生态环境需水研究方法比较 [J]. 水动力学研究与进展（A辑），2003 (3): 294-301.

[116] JIN X, YAN D, WANG H, et al. Study on Integrated Calculation of Ecological Water Demand for Basin System [J]. Science China Technological Sciences, 2011, 54 (10): 2638-2648.

[117] 张文鸽，黄强，蒋晓辉. 基于物理栖息地模拟的河道内生态流量研究 [J]. 水科学进展，2008 (2).

[118] HUGHES D A, HANNART P. A Desktop Model used to Provide an Initial Estimate of the Ecological Instream Flow Requirements of Rivers in South Africa [J]. Journal of Hydrology, 2003, 270 (3): 167-181.

[119] KING J, LOUW D. Instream Flow Assessments for Regulated Rivers in South Africa Using the Building Block Methodology [J]. Aquatic Ecosystem Health and Management, 1998, 1 (2): 109-124.

[120] ARTHINGTON A, THARME R E, BRIZGA S O, et al. Environmental Flow As-

sessment with Emphasis on Holostic Methodologies [J]. Proceedings of the Second International Symposium on the Management of Large Rivers for Fisheries，2004.

[121] 宋兰兰，陆桂华，刘凌．水文指数法确定河流生态需水 [J]. 水利学报，2006，37 (11)：1336 - 1341.

[122] 杨志峰，刘静玲，肖芳，等．海河流域河流生态基流量整合计算 [J]. 环境科学学报，2005 (4)：442 - 448.

[123] 杨志峰，于世伟，陈贺，等．基于栖息地突变分析的春汛期生态需水阈值模型 [J]. 水科学进展，2010 (4)：567 - 574.

[124] 阳书敏，邵东国，沈新平．南方季节性缺水河流生态环境需水量计算方法 [J]. 水利学报，2005 (11)：72 - 77.

[125] 王根绪，张钰，刘桂民，等．干旱内陆流域河道外生态需水量评价——以黑河流域为例 [J]. 生态学报，2005 (10)：2467 - 2476.

[126] 万东辉，夏军，宋献方，等．基于水文循环分析的雅砻江流域生态需水量计算 [J]. 水利学报，2008，39 (8)：994 - 1000.

[127] 严登华，王浩，杨舒媛，等．面向生态的水资源合理配置与湿地优先保护 [J]. 水利学报，2008，39 (10)：1241 - 1247.

[128] 王庆国，李嘉，李克锋，等．河流生态需水量计算的湿周法拐点斜率取值的改进 [J]. 水利学报，2009 (5)：550 - 555.

[129] 班璇．中华鲟产卵栖息地的生态需水量 [J]. 水利学报，2011 (1)：47 - 55.

[130] 李建，夏自强．基于物理栖息地模拟的长江中游生态流量研究 [J]. 水利学报，2011 (6).

[131] MATTHEWS J H，FORSLUND A，MCCLAIN M E，et al. More than the Fish：Environmental Flows for Good Policy and Governance，Poverty Alleviation and Climate Adaptation [J]. Aquatic Procedia，2014，2：16 - 23.

[132] ERFANI T，BINIONS O，HAROU J J. Protecting Environmental Flows Through Enhanced Water Licensing and Water Markets [J]. Hydrology and Earth System Sciences，2015，19 (2)：675 - 689.

[133] WARNER R F. Environmental Flows in two Highly Regulated Rivers：the Hawkesbury Nepean in Australia and the Durance in France [J]. Water and Environment Journal，2014，28 (3)：365 - 381.

[134] 斯莫拉尔-兹瓦鲁特，赵秋云．斯洛文尼亚河流环境流量的估算与应用 [J]. 水利水电快报，2009 (8)：1 - 4.

[135] BETHUNE S，AMAKALI M，ROBERTS K. Review of Namibian Legislation and Policies Pertinent to Environmental Flows [J]. Physics and Chemistry of the Earth，Parts A/B/C，2005，30 (11 - 16)：894 - 902.

[136] 陈昂，吴淼，王鹏远，等．中国水电工程生态流量实践主要问题与发展方向 [J]. 长江科学院院报，2019，36 (7)：33 - 40.

[137] GRANTHAM T E，VIERS J H，MOYLE P B. Systematic Screening of Dams for

Environmental Flow Assessment and Implementation [J]. BioScience, 2014, 64 (11): 1006 - 1018.

[138] STEWART - KOSTER B, OLDEN J D, GIDO K B. Quantifying Flow - ecology Relationships with Functional Linear Models [J]. 2014, 59 (3 - 4): 629 - 644.

[139] BHADURI A, BOGARDI J, SIDDIQI A, et al. Achieving Sustainable Development Goals from a Water Perspective [J]. Frontiers in Environmental Science, 2016 (4).

[140] ACREMAN M C, OVERTON I C, KING J, et al. The Changing Role of Ecohydrological Science in Guiding Environmental Flows [J]. 2014, 59 (3 - 4): 433 - 450.

[141] KONRAD C P, OLDEN J D, LYTLE D A, et al. Large - scale Flow Experiments for Managing River Systems [J]. 2011, 61 (12): 948 - 959.

[142] VOROSMARTY C J, MCINTYRE P B, GESSNER M O, et al. Global Threats to Human Water Security and River Biodiversity [J]. Nature, 2010, 467 (7315): 555 - 561.

[143] NEUBAUER C P, HALL G B, LOWE E F, et al. Minimum Flows and Levels Method of the St. Johns River Water Management District, Florida, USA [J]. Environmental Management, 2008, 42 (6): 1101 - 1114.

[144] 黄茹，陈昂，吴淼，等．墨西哥环境流量评估方法研究 [J]. 中国人口·资源与环境，2018，28 (S2)：10 - 13.

[145] 陈昂，薛耀东，魏娜，等．国外典型河流生态流量管理实践及启示 [J]. 科技导报，2018 (21)：116 - 126.

[146] D. 康奈尔，邬全丰，山松．墨累-达令流域的水改革和联邦体制 [J]. 水利水电快报，2012 (9)：1 - 4.

[147] RIDDELL E, POLLARD S, MALLORY S, et al. A Methodology for Historical Assessment of Compliance with Environmental Water Allocations: Lessons from the Crocodile (East) River, South Africa [J]. 2014, 59 (3 - 4): 831 - 843.

[148] KING J, BROWN C, SABET H. A Scenario - based Holistic Approach to Environmental Flow Assessments for Rivers [J]. River Research and Applications, 2003, 19 (5 - 6): 619 - 639.

[149] ALCÁZAR J, PALAU A. Establishing Environmental Flow Regimes in a Mediterranean Watershed based on a Regional Classification [J]. Journal of Hydrology, 2010, 388 (1 - 2): 41 - 51.

[150] APSE C, ARTHINGTON A H, BLEDSOE B P, et al. Ecological Limits of Hydrologic Alteration: An Approach for Setting Regional Environmental Flow Standards [J]. 2007.

[151] ALLAN C, STANKEY G H. Adaptive Environmental Management [M]. Springer Netherlands, 2009.

[152] KING C B J. Environmental Flows: Striking the Balance between Development and

Resource Protection [J]. Ecology and Society, 2006 (11): 26.

[153] 禹雪中. 加拿大开展引水式水电站对鱼类影响的评估 [J]. 小水电, 2016 (4): 5-8.

[154] BERGA L, BUIL J M, BOFILL E, et al. Dams and Reservoirs, Societies and Environment in the 21st Century [M]. CRC Press, 2006.

[155] OPPERMAN J. The Power of Rivers: A Business Case [R]. The Nature Conservancy, 2017.

[156] PALMER M A, REIDY LIERMANN C A, NILSSON C, et al. Climate Change and the World's River Basins: Anticipating Management Options [Z]. Ecological Society of America, 2008 (6), 81-89.

[157] Asmal K. Dams and Development: A New Framework for Decision Making [R]. World Commission on Dams, 2000.

[158] CUMBERLIDGE N, NG P K L, YEO D C J, et al. Freshwater Crabs and the Biodiversity Crisis: Importance, Threats, Status, and Conservation Challenges [J]. Biological Conservation, 2009, 142 (8): 1665-1673.

[159] LIERMANN C R, NILSSON C, ROBERTSON J, et al. Implications of Dam Obstruction for Global Freshwater Fish Diversity [J]. BioScience, 2012, 62 (6): 539-548.

[160] RICHTER B D, WARNER A T, MEYER J L, et al. A Collaborative and Adaptive Process for Developing Environmental Flow Recommendations [J]. River Research and Applications, 2006, 22 (3): 297-318.

[161] ARTHINGTON A H. Environmental Flows: Saving Rivers in the Third Millennium [M]. University of California Press, 2012.

[162] POFF N L, ALLAN J D, BAIN M B, et al. The Natural Flow Regime [J]. BioScience, 1997, 47 (11): 769-784.

[163] 董哲仁, 赵进勇, 张晶. 环境流计算新方法: 水文变化的生态限度法 [J]. 水利水电技术, 2017 (1): 11-17.

[164] 廖文根, 李翀, 冯顺新, 等. 筑坝河流的生态效应与调度补偿 [M]. 北京: 中国水利水电出版社, 2013.

[165] 吴森, 陈昂. 水库大坝工程生态流量评估的分类管理方法研究 [J]. 华北水利水电大学学报 (自然科学版), 2019 (03): 54-64.

[166] PITTOCK J, HARTMANN J. Taking a Second Look: Climate Change, Periodic Relicensing and Improved Management of Dams [J]. Marine and Freshwater Research, 2011, 62 (3): 312-320.

[167] GILLILAN D M, BROWN T C. Instream Flow Protection [J]. Restoration Ecology, 1997, 7 (1): 100-101.

[168] 吴森, 陈昂. 水库大坝工程生态流量评估的分类管理方法研究 [J]. 华北水利水电大学学报 (自然科学版), 2019 (03): 54-64.

[169] SMITH S V, RENWICK W H, BARTLEY J D, et al. Distribution and Significance of Small, Artificial Water Bodies Across the United States Landscape. [J]. Science of the Total Environment, 2002, 299 (1-3): 21.

[170] GANGLOFF M M. Taxonomic and Ecological Tradeoffs Associated with Small Dam Removals [J]. Aquatic Conservation Marine & Freshwater Ecosystems, 2013, 23 (4): 475-480.

[171] GÜNTHER G A B L. An Index - based Framework for Assessing Patterns and Trends in River Fragmentation and Flow Regulation by Global Dams at Multiple Scales [J]. Environmental Research Letters, 2015, 10 (1): 15001.

[172] BATALLA R J, GÓMEZ C M, KONDOLF G M. Reservoir - induced Hydrological Changes in the Ebro River Basin (NE Spain) [J]. Journal of Hydrology, 2004, 290 (1-2): 117-136.

[173] ENG K, CARLISLE D M, WOLOCK D M, et al. Predicting the Likelihood of Altered Streamflows at Ungauged Rivers Across the Conterminous United States [J]. River Research & Applications, 2013, 29 (6): 781-791.

[174] LEHNER B, VERDIN K, JARVIS A. New Global Hydrography Derived From Spaceborne Elevation Data [J]. Eos Transactions American Geophysical Union, 2008, 89 (10): 93-94.

[175] ALCAMO J, DÖLL P, HENRICHS T, et al. Development and Testing of the WaterGAP 2 Global Model of Water use and Availability [J]. Hydrological Sciences Journal, 2003, 48 (3): 317-337.

[176] ZHANG X, TANG Q, PAN M., et al. A Long - term Land Surface Hydrologic Fluxes and States Dataset for China [J]. Journal of Hydrometeorology, 2014, 15 (5): 2067-2084.

[177] SANBORN S C, BLEDSOE B P. Predicting Streamflow Regime Metrics for Ungauged Streamsin Colorado, Washington, and Oregon [J]. Journal of Hydrology, 2006, 325 (1): 241-261.

[178] MATHEWS R, RICHTER B D. Application of the Indicators of Hydrologic Alteration Software in Environmental Flow Setting [Z]. Blackwell Publishing Ltd, 2007 (43), 1400-1413.

[179] SINGH V P, FREVERT D K, SINGH V P, et al. Mathematical Modeling of Watershed Hydrology. [J]. Journal of Hydrologic Engineering, 2002, 7 (4): 270-292.

[180] KENNEN J G, KAUFFMAN L J, AYERS M A, et al. Use of an Integrated Flow Model to Estimate Ecologically Relevant Hydrologic Characteristics at Stream Biomonitoring Sites [J]. Ecological Modelling, 2008, 211 (1): 57-76.

[181] GAO Y, VOGEL R M, KROLL C N, et al. Representative Indicators of Hydrologic Alteration [J]. Academia Edu, 2009, (374): 136-147.

[182] GRANTHAM T E, VIERS J H, MOYLE P B. Systematic Screening of Dams for Environmental Flow Assessment and Implementation [J]. BioScience, 2014, 64 (11): 1006 - 1018.

[183] RICHTER B D, BAUMGARTNER J V, BRAUN D P, et al. A Spatial Assessment of Hydrologic Alteration within a River Network [Z]. John Wiley & Sons, Ltd, 1998 (14), 329 - 340.

[184] SHIAU J T, WU F C. Feasible Diversion and Instream Flow Release Using Range of Variability Approach [J]. Journal of Water Resources Planning & Management, 2004, (21): 395 - 404.

[185] RICHTER B D, DAVIS M M, APSE C, et al. A Presumptive Standard For Environmental Flow Protection [J]. River Research & Applications, 2012, 28 (8): 1312 - 1321.

[186] ESSELMAN P C, INFANTE D M, WANG L, et al. Regional Fish Community Indicators of landscape disturbance to catchments of the conterminous United States [J]. Ecological Indicators, 2013, 26 (1): 163 - 173.

[187] KONRAD C P, BRASHER A M D, MAY J T. Assessing Streamflow Characteristics as Limiting Factors on Benthic Invertebrate Assemblages in Streams across the western United States [J]. Freshwater Biology, 2008, 53 (10): 1983 - 1998.

[188] CARLISLE D M, WOLOCK D M, MEADOR M R. Alteration of Streamflow Magnitudes and Potential Ecological Consequences: A Multiregional Assessment [J]. Frontiers in Ecology and the Environment, 2011, 9 (5): 264 - 270.

[189] 徐梦珍，王兆印，潘保柱，等．雅鲁藏布江流域底栖动物多样性及生态评价 [J]. 生态学报，2012 (8)：2351 - 2360.

[190] MOYLE P B, KATZ J V E, QUIÑONES R M. Rapid Decline of California's Native Inland Fishes: A Status Assessment. [J]. Biological Conservation, 2011, 144 (10): 2414 - 2423.

[191] 张春光，赵亚辉．中国内陆鱼类物种与分布 [M]. 北京：科学出版社，2016：296.

[192] 国务院．国务院关于《国家重点保护野生动物名录》的批复 [J]. 野生动物学报，1989 (2)：25.

[193] 陈宜瑜，乐佩琦．中国濒危动物红皮书：鱼类 [M]. 北京：科学出版社，1998.

[194] LEHNER B, REIDY LIERMANN C, REVENGA C, et al. Global Reservoir and Dam Database, Version 1 (GRanDv 1): Dams, Revision 01 [R]. 2011.

[195] LEHNER B, REIDY LIERMANN C, REVENGA C, et al. High - resolution Mapping of the World's Reservoirs and Dams for Sustainable River - flow Management [J]. Frontiers in Ecology and the Environment, 2011 (9): 494 - 502.

[196] 孙振刚，张岚，段中德．我国水电站工程数量与规模 [J]. 中国水利，2013 (7)：12 - 13.

[197] 孙振刚，张岚，段中德．我国水库工程数量及分布 [J]. 中国水利，2013 (7)：

10－11.

[198] 中华人民共和国水利部，中华人民共和国国家统计局．第一次全国水利普查公报[M]. 北京：中国水利水电出版社，2013：20.

[199] WU M，SHI P，CHEN A，et al. Impacts of DEM Resolution and Area Threshold Value Uncertainty on the Drainage Network Derived using SWAT [J]. Water SA，2017，43 (3)：450－462.

[200] 曹磊．长江上游珍稀特有鱼类基础地理数据库的建立与应用 [D]. 武汉：华中农业大学，2010.

[201] 邢迎春．基于GIS的中国内陆水域鱼类物种多样性、分布格局及其保育研究 [D]. 上海：上海海洋大学，2011.

[202] SANTOS N R，KATZ J V E，MOYLE P B，et al. A Programmable Information System for Management and Analysis of Aquatic Species Range Data in California [J]. Environmental Modelling & Software，2014，53 (C)：13－26.

[203] 盛金保，傅忠友．大坝分类方法对比研究 [J]. 水利水运工程学报，2010 (2)：7－13.

[204] POFF N L，ALLAN J D，BAIN M B，et al. The Natural Flow Regime [J]. BioScience，1997，47 (11)：769－784.

[205] KENNARD M J，PUSEY B J，OLDEN J D，et al. Classification of Natural Flow Regimes in Australia to Support Environmental Flow Management [J]. Freshwater Biology，2010，55 (1)：171－193.

[206] MCMANAMAY R A，BEVELHIMER M S，KAO S. Updating the US Hydrologic Classification：An Approach to Clustering and Stratifying Ecohydrologic Data [J]. Ecohydrology，2014，7 (3)：903－926.

[207] ARCHFIELD S A，KENNEN J G，CARLISLE D M，et al. An Objective and Parsimonious Approach for Classifying Natural Flow Regimes at a Continental Scale [J]. River Research and Applications，2014，30 (9)：1166－1183.

[208] LYTLE D A，MERRITT D M. Hydrologic Regimes and Riparian Forests：A Structured Population Model for Cottonwood [J]. Ecology，2004，85 (9)：2493－2503.

[209] KIERNAN J D，MOYLE P B，CRAIN P K. Restoring Native Fish Assemblages to a Regulated California Stream using the Natural Flow Regime Concept [J]. Ecological Applications，2012，22 (5)：1472－1482.

[210] MIMS M C，OLDEN J D. Life History Theory Predicts Fish Assemblage Response to Hydrologic Regimes [J]. Ecology，2012，93 (1)：35－45.

[211] MIMS M C，OLDEN J D，SHATTUCK Z R，et al. Life History Trait Diversity of Native Freshwater Fishes in North America [J]. Ecology of Freshwater Fish，2010，19 (3)：390－400.

[212] CARLISLE D M，WOLOCK D M，MEADOR M R. Alteration of Streamflow Magnitudes and Potential Ecological Consequences：A Multiregional Assessment [J].

Frontiers in Ecology and the Environment, 2011, 9 (5): 264 - 270.

[213] POFF N L, ZIMMERMAN J K H. Ecological Responses to Altered Flow Regimes: A Literature Review to Inform the Science and Management of Environmental Flows [J]. Freshwater Biology, 2010, 55 (1): 194 - 205.

[214] OLDEN J D, KONRAD C P, MELIS T S, et al. Are Large - scale Flow Experiments Informing the Science and Management of Freshwater Ecosystems? [J]. Frontiers in Ecology and the Environment, 2014, 12 (3): 176 - 185.

[215] POFF L R, MATTHEWS J H. Environmental Flows in the Anthropocence: Past Progress and Future Prospects [J]. Current Opinion in Environmental Sustainability, 2013, 5 (6): 667 - 675.

[216] ACREMAN M C, OVERTON I C, KING J, et al. The Changing Role of Ecohydrological Science in Guiding Environmental Flows [J]. International Association of Scientific Hydrology Bulletin, 2014, 59 (59): 433 - 450.

[217] ARTHINGTON A H. Environmental Flows: Saving Rivers in the Third Millennium [M]. Berkeley, CA: University of California Press, 2012: 158 - 160.

[218] POFF N L, THARME R E, ARTHINGTON A H. Chapter 11 - Evolution of Environmental Flows Assessment Science, Principles, and Methodologies [M] // HORNE A C, WEBB J A, STEWARDSON M J, et al. Water for the Environment. Academic Press, 2017: 203 - 236.

[219] 陈昂. 环境流量研究的前沿问题与挑战 [J]. 水利水电科技进展, 2019, 39 (2): 1.

[220] MILLY P C D, BETANCOURT J, FALKENMARK M, et al. Climate Change. Stationarity is Dead: Whither Water Management? [J]. Science (New York, N. Y.), 2008, 319 (5863): 573.

[221] RICHTER B, BAUMGARTNER J, WIGINGTON R, et al. How Much Water Does a River need? [J]. Freshwater Biology, 1997, 37 (1): 231 - 249.

[222] LAIZÉ C L R, ACREMAN M C, SCHNEIDER C, et al. Projected Flow Alteration and Ecological Risk for Pan - european Rivers: Projected Ecological Risk in Rivers [J]. River Research and Applications, 2014, 30 (3): 299 - 314.

[223] OPPERMAN J J, KENDY E, THARME R E, et al. A Three - Level Framework for Assessing and Implementing Environmental Flows [J]. Frontiers in Environmental Science, 2018, 6: 76.

[224] ACREMAN M, ARTHINGTON A H, COLLOFF M J, et al. Environmental Flows for Natural, Hybrid, and Novel Riverine Ecosystems in a Changing World [J]. Frontiers in Ecology and the Environment, 2014, 12 (8): 466 - 473.

[225] KOPF R K, FINLAYSON C M, HUMPHRIES P, et al. Anthropocene Baselines: Assessing Change and Managing Biodiversity in Human - dominated Aquatic Ecosystems [J]. Bioscience, 2015, 65 (8): 798 - 811.

[226] POFF N L, SCHMIDT J C. How Dams can Go with the Flow [J]. Science, 2016, 353 (6304): 1099.

[227] DEANGELIS D L, WATERHOUSE J C. Equilibrium and Nonequilibrium Concepts in Ecological Models [J]. Ecological Monographs, 1987, 57 (1): 1-21.

[228] HOBBS R J, ARICO S, ARONSON J, et al. Novel Ecosystems: Theoretical and Management Aspects of the New Ecological World Order [J]. Global Ecology and Biogeography, 2006, 15 (1): 1-7.

[229] RAHEL F J, OLDEN J D. Assessing the Effects of Climate Change on Aquatic Invasive Species [J]. Conservation Biology, 2008, 22 (3): 521-533.

[230] WHEELER K, WENGER S J, FREEMAN M C. States and Rates: Complementary Approaches to Developing Flow - ecology Relationships [J]. Freshwater Biology, 2018, 63 (8): 906-916.

[231] MERRITT D M, SCOTT M L, LEROY POFF N, et al. Theory, Methods and Tools for Determining Environmental Flows for Riparian Vegetation: Riparian Vegetation-flow Response Guilds [J]. Freshwater Biology, 2010, 55 (1): 206-225.

[232] POFF L R, ALLAN J D. Functional Organization of Stream Fish Assemblages in Relation to Hydrological Variability [J]. Ecology, 1995, 76 (2): 606-627.

[233] CHADD R P, ENGLAND J A, CONSTABLE D, et al. An Index to Track the Ecological Effects of Drought Development and Recovery on Riverine Invertebrate Communities [J]. Ecological Indicators, 2017, 82 (Supplement C): 344-356.

[234] KAKOUEI K, KIESEL J, KAIL J, et al. Quantitative Hydrological Preferences of Benthic Stream Invertebrates in Germany [J]. Ecological Indicators, 2017, 79 (Supplement C): 163-172.

[235] ZUELLIG R E, SCHMIDT T S. Characterizing Invertebrate Traits in Wadeable Streams of the Contiguous US: Differences Among Ecoregions and Land Uses [J]. Freshwater Science, 2012, 31 (4): 1042-1056.

[236] MONK W A, WOOD P J, HANNAH D M, et al. Flow Variability and Macroinvertebrate Community Response within Riverine Systems [J]. River Research and Applications, 2006, 22 (5): 595-615.

[237] BOND N R, BALCOMBE S R, CROOK D A, et al. Fish Population Persistence in Hydrologically Variable Landscapes [J]. Ecological Applications, 2015, 25 (4): 901-913.

[238] RUHÍ A, OLDEN J D, SABO J L. Declining Streamflow Induces Collapse and Replacement of Native Fish in the American Southwest [J]. Frontiers in Ecology and the Environment, 2016, 14 (9): 465-472.

[239] WANG J, NATHAN R, HORNE A, et al. Evaluating four Downscaling Methods for Assessment of Climate Change Impact on Ecological Indicators [J]. Environmental Modelling & Software, 2017, 96 (Supplement C): 68-82.

[240] YEN J D L, BOND N R, SHENTON W, et al. Identifying Effective Water - management Strategies in Variable Climates using Population Dynamics Models [J]. Journal of Applied Ecology, 2013, 50 (3): 691 - 701.

[241] BEESLEY L S, GWINN D C, PRICE A, et al. Juvenile Fish Response to Wetland Inundation: How Antecedent Conditions can Inform Environmental Flow Policies for Native Fish [J]. Journal of Applied Ecology, 2014, 51 (6): 1613 - 1621.

[242] KING A J, GAWNE B, BEESLEY L, et al. Improving Ecological Response Monitoring of Environmental Flows [J]. Environmental Management, 2015, 55 (5): 991 - 1005.

[243] LEIGH C. Dry - season Changes in Macroinvertebrate Assemblages of Highly Seasonal Rivers: Responses to Low Flow, No Flow and Antecedent Hydrology [J]. Hydrobiologia, 2013, 703 (1): 95 - 112.

[244] ANDERSON K E, PAUL A J, MCCAULEY E, et al. Instream Flow needs in Streams and Rivers: The Importance of Understanding Ecological Dynamics [J]. Frontiers in Ecology and the Environment, 2006, 4 (6): 309 - 318.

[245] LANCASTER J, DOWNES B J. Linking the Hydraulic World of Individual Organisms to Ecological Processes: Putting Ecology into Ecohydraulics [J]. River Research and Applications, 2010, 26 (4): 385 - 403.

[246] SHENTON W, BOND N R, YEN J D L, et al. Putting the "Ecology" into Environmental Flows: Ecological Dynamics and Demographic Modelling [J]. Environmental Management, 2012, 50 (1): 1 - 10.

[247] LYTLE D A, MERRITT D M, TONKIN J D, et al. Linking River Flow Regimes to Riparian Plant Guilds: A Community - wide Modeling Approach [J]. Ecological Applications, 2017, 27 (4): 1338 - 1350.

[248] DUNBAR M J, PEDERSEN M L, CADMAN D, et al. River Discharge and Local - scale Physical Habitat Influence Macroinvertebrate LIFE Scores [J]. Freshwater Biology, 2010, 55 (1): 226 - 242.

[249] LAMOUROUX N, HAUER C, STEWARDSON M J, et al. Chapter 13 - Physical Habitat Modeling and Ecohydrological Tools [M]// Horne A C, Webb J A, Stewardson M J, et al. Water for the Environment. Academic Press, 2017: 265 - 285.

[250] OLDEN J D, NAIMAN R J. Incorporating Thermal Regimes into Environmental Flows Assessments: Modifying Dam Operations to Restore Freshwater Ecosystem Integrity [J]. Freshwater Biology, 2010, 55 (1): 86 - 107.

[251] WOHL E, BLEDSOE B P, JACOBSON R B, et al. The Natural Sediment Regime in Rivers: Broadening the Foundation for Ecosystem Management [J]. Bioscience, 2015, 65 (4): 358 - 371.

[252] ARTHINGTON A H, THARME R E, BRIZGA S O, et al. Environmental Flow Assessment with Emphasis on Holistic Methodologies [J]. Proceedings of the

Second International Symposium on the Management of Large Rivers for Fisheries, 2004, 19 (1): 74-81.

[253] RICHTER B D. How much Water does Body Need? [J]. Freshwater Biology, 1997 (37): 231-249.

[254] RICHTER B D, BAUMGARTNER J V, POWELL J, et al. A Method for Assessing Hydrologic Alteration within Ecosystems [J]. Conservation Biology, 1996, 10 (4): 1163-1174.

[255] 陈昂，隋欣，王东胜，等．小浪底水库周边生态承载力时空动态评价 [J]. 人民黄河，2016 (4): 69-73.

[256] 陈昂，陈凯麒，孙志禹，等．我国水利水电工程环境影响评价信息化建设回顾与展望：中国环境科学学会2016年学术年会，中国海南海口，2016 [C].

[257] 陈昂，隋欣，廖文根，等．基于数据云的水利信息化数据共享体系构建模式 [J]. 科技导报，2014 (34): 53-57.

[258] KING A J, GAWNE B, BEESLEY L, et al. Improving Ecological Response Monitoring of Environmental Flows [J]. Environmental Management, 2015, 55 (5): 991-1005.

[259] GRANTHAM T E, VIERS J H, MOYLE P B. Systematic Screening of Dams for Environmental Flow Assessment and Implementation [J]. Bioscience, 2014, 64 (11): 1006-1018.

[260] MCDONALD-MADDEN E, BAXTER P W J, FULLER R A, et al. Monitoring does not Always Count [J]. Trends in Ecology & Evolution, 2010, 25 (10): 547-550.

[261] MCMANAMAY R A, BREWER S K, JAGER H I, et al. Organizing Environmental Flow Frameworks to Meet Hydropower Mitigation Needs [J]. Environmental Management, 2016, 58 (3): 365-385.

[262] SUMMERS M F, HOLMAN I P, GRABOWSKI R C. Adaptive management of river flows in Europe: A transferable framework for implementation [J]. Journal of Hydrology, 2015, 531, Part 3: 696-705.

[263] KIRBY J M, CONNOR J, AHMAD M D, et al. Climate Change and Environmental Water Reallocation in the Murray-darling Basin: Impacts on Flows, Diversions and Economic Returns to Irrigation [J]. Journal of Hydrology, 2014, 518: 120-129.

[264] WARNER A T, BACH L B, HICKEY J T. Restoring Environmental Flows Through Adaptive Reservoir Management: Planning, Science, and Implementation Through the Sustainable Rivers Project [J]. 2014, 59 (3-4): 770-785.

[265] ALLEN C R, CUMMING G S, GARMESTANI A S, et al. Managing for Resilience [C]. Wildlife Biology, 2011, 17 (4): 337-349.

[266] FOLKE C, CARPENTER S R, WALKER B, et al. Resilience Thinking: Integrating Resilience, Adaptability and Transformability [J]. Ecology & Society, 2010, 15 (4): 299-305.

[267] BROWN C, GHILE Y, LAVERTY M, et al. Decision scaling: Linking Bottom-up Vulnerability Analysis with Climate Projections in the Water Sector [J]. Water Resources Research, 2012, 48 (9).